0~4歲的兒語潛能開發寶典

Baby Talk

全球暢銷 10 年！英國皇家語言治療師專業研發

Sally Ward
莎莉．瓦爾德——著
毛佩琦——譯

目錄

作者序

每天三十分鐘，將孩子的潛能開發到極致

我一向喜歡文字，這個愛好，連同我對語言及與人直接共事的強烈興趣，把我帶向語言治療職涯。語言治療師治療的溝通障礙包羅萬象，從曾中風的成人到脣顎裂的寶寶，都是我們的服務對象。我在倫敦取得治療師資格，婚後搬到曼徹斯特，然後在曼徹斯特取得聽力學相關資格。聽力學是關於聽力與聽能的診斷與管理。

不久之後，我有了自己的三個小寶貝，一個女兒和兩個兒子，他們在接下來的幾年教了我超多語言與溝通發展的知識！

我一九八〇年起在曼徹斯特工作，服務於「曼徹斯特社區全國健康服務基金會」。當時我爲聽障兒童成立了學齡前父母指導計畫，並在診所服務有各種口語及語言問題的孩子。後來被任命爲負責語言、聽力與學習障礙兒童口語及語言的主治療師，同時指導語言治療師及其他專業團體相關專科領域課程。另外也獲邀擔任英國皇家口語暨語言治療師學院發展語言障礙指導教授，得以爲相關領域的成員盡一己之力。

接著我獲得西北地區衛生局資助三年獎助金，而得以進修研究準確測出嬰兒出生第一年發生語言遲緩風險的方式。此外，我也以聽損、學習障礙與失聰、自閉兒童如何回應聲音的相關研究，取得了博士學位。隨後更被任命爲基金會負責所有口語及語言障礙的主任治療師。

在這些工作經歷中，我對幼兒的聽力與注意力，以及它們跟語言發展的關係格外感興趣。接著我有幸與向來欽佩的傑出語言治療師迪德麗·貝克特共事，爲學齡前兒童進行例行看診。我與迪德麗共事，共同協助年幼患者說話與溝通的期間，從彼此身上學到不少。我們開發出一個極爲有效的計畫，能賦予家長力量協助孩子發展。我們欣喜地發現，如果是與失聰、自閉或神經發展障礙無關的語言障礙或遲緩，不管多嚴重，只要父母能夠並願意一天花半小時遵循此計畫，孩子都能有長足的進步。他們常在短短數週或數月間，達到一般同齡孩子理解與運用語言的期待標準。父母看到自己孩子開始溝通時臉上所流露的喜悅，向來是我職業生涯中最有意義的部分。我們在曼徹斯特治療的孩子，許多來自社經背景較弱勢的家庭。但後來我得以把我們開發的計畫——現稱爲兒語潛能開發計畫——用於全國各地、各社會階層的家庭，結果相當成功。

環境是塑造孩子語言與社交發展的關鍵

雖然我們知道語言發展未達同齡標準的兒童，有教育、社交與情緒問題的風險，但我們尚未確知無助的新生兒如何在短短四年內掌握語言。

關於這個奇妙過程如何發生的最早理論是寶寶隨機發出聲音，最接近詞語的聲音受到周遭的成人鼓勵，因此形塑語言。例如，寶寶很早就會發出「ㄇㄚㄇㄚ」的聲音，每次他發出這個聲音，媽媽就會出現，寶寶最終把這個聲音與媽媽做連結。偉大的語言學家喬姆斯基在一九五〇與六〇年代時駁斥這個觀點。他認爲寶寶與生俱來語言的學習能力，聽到語言時會自動開始運用所謂的「語言習得機制」來理解自己聽到的話，並於往後協助他們組合句子。他認爲孩子聽到的語

言，以及成人對孩子講話的方式無關緊要。

較近期發表論文的平克也持相同的觀點：孩子一出生就具備辨識不同類型詞語及這些詞語在語言中的功能性的知識，且在所有的語言中都是通則。例如，小孩子知道事件的導因就是主語。看到貓咪把花瓶撞倒了，又聽到媽媽說「那隻頑皮的貓咪」，他就能正確假設貓咪是問題的導因，因此是句子的主語。

針對這種天生的知識，目前並無一致的共識。但一般同意，人類一出生就具備了某些知識與機制，這才足以解釋嬰兒學習語言的驚人速度。

這類機制對於環境輸入的敏銳程度，目前仍有相當大的爭議。喬姆斯基和平克都認為環境影響甚小，但許多研究人員則強調「社交輸入」與「互動」對語言習得至為重要。平克認為早期語言技能是孩子藉由有意義並積極與生活中的人互動而學會的。這種觀點雖然接受人類某種程度上有一些預先設定的語言功能，但認為語言學習極度仰賴孩子與環境的互動，孩子聽到的語言顯著影響其發揮潛力的程度。

一些針對成人語言輸入及兒童語言發展速度與性質關聯性的研究證據也支持這種觀點。喬姆斯基的主張引發了研究熱潮，使七〇年代出現許多這類研究。喬姆斯基宣稱成人對孩子使用的語言太過複雜、混亂、易於常態，如果孩子沒有「語言習得機制」，不可能學會語言。（喬姆斯基似乎跟嬰幼兒接觸不多，因為多數成人會本能地自覺對孩子講話的方式，不應該像對朋友講話那樣！）

雖然有一些語言里程碑受環境影響較小（失聰與聽力正常的孩子開始咿咿啊啊學語的時間差

不多，高度刺激與欠缺刺激環境下的孩子吐出第一個詞語的年齡也差不多），但環境影響對於塑造孩子未來語言與社交發展無疑極為關鍵。例如，大量研究證據顯示，大人對孩子講話的多寡與其發展有正關聯，對孩子講的話越多，他們語言學習得越快。研究顯示，對孩子講話的內容，對他們學習語言也有極為重要。許多證據指出，寶寶與幼兒明顯偏好特定類型的語言，能傾聽並藉此學習更多。研究也顯示，孩子習得特定詞彙與語法結構與其接受的語言輸入有關。

我和迪德麗的臨床經驗與研究則顯示，父母對孩子說話時所做的調整，是孩子飛快進步的關鍵因素，也是兒語潛能開發計畫中至為重要的一部分。

簡言之，雖然人類確實可能有與生俱來的語言學習機制，但許多證據指出成人對孩子說話的方式對其語言發展有相當大的影響——你遵循兒語潛能開發計畫時將一再看到這種觀點。在一九六〇年代發表論文的生物學家倫內伯格也歸結出這個中間觀點。他表示，「嬰兒發展語言的生物程序跟動物的行為預設程序一樣。要有令人滿意的發展，除了生理組織必須完整，環境也必須提供質量兼具的輸入。」有趣的是，其他物種似乎也符合這個說法。舉例來說，蒼頭燕雀的基本鳴唱是天生的能力，因為被隔離豢養的蒼頭燕雀也能鳴唱。然而，如果要唱出完整的曲調，幼鳥必須聽過成鳥唱出的示範才行。

兒語研究的結果非常贊同這種中間觀點。讓我來協助你，幫助寶寶唱出最淋漓盡致的歌曲！

孩子不理解大人使用的語言，造成語言遲緩？

語言是區別人類與其他生物的特徵，語言對於社會與文化的重要性無庸置疑。雖然人類擁有說話的奇妙能力，互相溝通時仍常有極大困難。一位獸醫朋友曾說過一件有趣的事，她說飼主向她徵詢第二意見時，常常都不是因爲診斷錯誤，而是因爲與醫師欠缺溝通。由此我們可以大膽揣測，許多少戰事與嚴重的紛爭都是因爲誤解而起。

因此，讓孩子學會我們能教給他們最好的溝通技巧實在非常重要，話雖這麼說，語言發展遲緩卻是最常見的兒童障礙，估計影響了多達百分之十以上的七歲兒童。

語言遲緩無可避免地與學習障礙、自閉症與聽障有關，也可能是特定神經發展問題如特定語言障礙、運動障礙與注意力缺乏過動症的結果（請見附錄一）。脣顎裂及嘴唇、舌頭、上顎等處神經受損也可能導致語音障礙。

但對於其他許多再正常不過，卻有口語與語言障礙的孩子們，其語言發展遲緩是因爲大人對孩子說的話，不符合孩子運用或理解語言（後者更常見）的實際程度所致。一般而言，成人通常會根據孩子的年齡與體型自動調整自己說話的方式，因此如果孩子落後同齡者，尤其是在理解方面，原因可能有許多種，這種不協調的情形很常見。舉例來說，鼻黏膜問題所導致的間歇性失聰在嬰兒期與幼兒期極爲常見，可導致幼兒感覺聽力困難，並停止傾聽，因此影響理解。寶寶或母親長時間生病，以及許多生活上的壓力與需求，例如搬家到遠離家族支援之處，都可能是原因。

我們需要釐清一件極為重要的事，除非是虐待或嚴重忽略孩子等極少數的悲慘狀況，否則我們永遠都不該說這種情況是父母的錯。

智力天註定？

人類智商究竟是先天或後天的影響一直廣受爭論。科學家們現在同意，寶寶並非出生基因已預設的自動裝置。科學家正研究基因與環境因素的互動方式。我們現在已知道，受精的十二週後，神經元已經顯示出協調的電波活動，而這些電波甚至可改變大腦的形狀。這個嬰兒出生前連結大腦的過程，隨後將驅動嬰兒驚人的快速學習。嬰兒的大腦出生時已具備所有終其一生將擁有的神經細胞，但當時連接模式尚未確立。嬰兒經由感官所接受到的訊息產生神經活動，並建立起無數的連結，這個過程在嬰兒出生後不久已開始。因此，孩子出生的前幾年，尤其是前三年，爲其發展可塑性最大的時期，這段期間大腦神經迴路需要適當的刺激來完成。這種刺激對於形塑孩子未來的發展非常關鍵。兩歲之前，幼兒的大腦神經元突觸是成人的兩倍，所消耗的能量也是成人的兩倍。當時所形成的連結若未使用，十歲後就會逐漸消失。

因此，當許多證據指出缺乏刺激跟剝奪感官一樣，對孩子的發展有毀滅性的影響。許多羅馬尼亞孤兒的悲慘遭遇顯示，剝奪刺激對智力有不可逆轉的影響。人們在本世紀稍早時發現這件事，當時兒童照護的知識較爲不足，一些被收容的嬰兒雖然生理上受到良好的照顧，但與成人互動相對較少，這些孩子從三個月開始就出現不可逆轉的發展落後現象。

其他研究結果也指出早期刺激對智力發展有強大影響，於是連帶促成美國啓蒙計畫與英國類似計畫的成立，這些計畫都是爲了輔導欠缺文化輸入的孩子而設。這些托兒計畫從三歲開始，提供孩子豐富的遊戲機會與語言輸入，很多孩子都表現出明顯的智力增長。有趣的是，許多這些計畫的參與者現在則持這種觀點：從三歲才開始是否幫助太少且太晚了？

每個人天生的智能從一出生就有差異。然而證據也清楚指出，智商並非固定或永久的，且在生命早期階段，環境刺激可造成極大的改變，最重要的改變可能就是提升語言發展。語言是人類思考的主要工具，因此語言與思考是緊密相連的。再次強調，針對此關聯的程度與性質，心理學家們並沒有絕對的共識，但都同意其中關聯十分重大。

這兩個領域關連為何，引發了研究的熱潮。多數理論家都認為智力與語言發展都由孩子探索環境中的人事物而來，兩者明顯互相依存。舉例來說，幼兒需要達到特定的智力發展階段才可能學會一些詞語。他在稱呼物體的名稱前，必須先了解物體在離開視線後仍持續存在。反之，語言能促進智力發展。想像一名很小的幼兒想搞清楚幾片拼圖該怎麼拼，一名成人告訴他「翻過來」或「這片太小了」，使他得以把學習轉化至另一個情境中。加入語文標記極有利於刺激孩子形成概念。例如，寶寶最初只把「貓」這個詞語跟家裡養的貓連結在一起，但在其他情境中運用「貓」這個詞語，將很快使寶寶概化「貓」的概念，並用於任何情境中的貓。緊接著，孩子將可在進行某事前先以語言計畫並討論他們的活動。例如，你可以聽到四歲的孩子說：「你先玩，然後換我玩。」「我們去了公園以後，我想跟我的天竺鼠玩。」

語言能協助我們記憶、給予並接收資訊。孩子四歲半的時候，語言已完全內化，可用來取代行動，如成人一樣，把語言當作解決問題的捷徑。例如，孩子在眞正動手拼拼圖前，會先想怎麼拼，在心裡思索要怎麼處理並移動拼圖。語言成了他理解世界的關鍵，且終其一生都是如此。

兒語潛能開發計畫建立孩子日後學習的基礎

兒語潛能開發計畫依各年齡段詳細說明，內容包含：

★如何創造對寶寶的發展最有利的環境。

★該對孩子講多少話、講什麼話。

★每天例行的半小時外要做些什麼。

兒語潛能開發計畫的目的是建立孩子日後學習的基礎。這些基礎不僅是理解並運用語言，還包括聽力、注意力與遊戲能力。許多人不了解這些技巧其實是逐步發展的，更不知道我們可以協助嬰幼兒輕鬆而有效率地日益進步。

兒語潛能開發計畫不僅適合孩子的發展，而且對父母與孩子雙方完全沒有任何壓力。這個計畫不僅完善立基於廣泛的臨床經驗、語言學理論與先進的研究，更穩固扎根於親子的自然互動。這個計畫不會設定虛假的教學情境，可用於孩子一天正常放鬆的模式中。

現今對於有識字與計算問題的兒童人數增加的狀況很關注。我最近跟一名中學的老師談話，她很震驚十一歲孩子中，有超過半數的閱讀能力低於實際年齡。一波浪潮因這個令人擔憂的問題而起——提早教導孩子數字、顏色、形狀與字母。這個浪潮引起極大的爭議，有些教育人士認爲這麼做是錯的。但日益增多的跡象顯示，這種「密集超前進修」的方式不僅讓孩子倍感壓力，更讓許多尚未準備好接受這種教導的孩子產生不安與厭惡感，反倒引發了原本想預防的問題。

我在診所裡也看到類似的情況。許多幼齡的孩子，不斷地被糾正如何正確發音，使他們覺得自己的溝通方式不被接受，而導致他們變成煩躁不安、情緒低落且沉默寡言。

一名極度憂慮的母親帶著年僅三歲半的傑斯伯來找我，想讓他繼續接受過去一年在英國另一個地區所接受的密集語音訓練。這個小傢伙從他的瀏海下盯著我瞧，顯然下定決心不講話。他母親表示他現在只在家裡說話，甚至連在家裡都變得非常安靜。她很清楚他討厭這些口語與語言課，他明顯意識到自己有口語問題，但她確信治療是必要的。我教她這套兒語潛能開發計畫，然後要她把兒子帶回家，不要再去想口語與語言治療的事。數週後她致電給我，告訴我她很高興地發現，傑斯伯的語音不僅自然而然變清楚了，那個開心外向、喋喋不休的小傢伙又回來了！

進行兒語潛能開發計畫的父母不需要因爲必須工作而感到不安或有罪惡感，也不需要花費大量時間在孩子身上，以確保孩子有最佳發展。在孩子發展極敏感的早期階段，一點點「絕對正確」的刺激就能產生極大的效果。一天三十分鐘已然足夠，雖然你很可能發現，你可把一些計畫中的建議自然而然，且毫不費力地轉換到其他日常生活中。

不要因為你必須去工作而感到有罪惡感！

不要忍不住「測試」孩子！

觀察、留意與存心測試有極大的差異。後者可能會讓你試圖去教孩子，而非創造孩子朝自己最大潛力發展的環境。

我們的通則爲：除非你發現孩子的程度落後，否則不必過於擔心。例如：

★第一年落後超過兩個月。
★第二年落後超過三個月。
★第三年落後超過四個月。
★第四年落後超過六個月。

本書各章將詳細探討更多細節。然而，如果你對寶寶或家中幼兒發展的任何層面感到擔心，你可尋求口語暨語言治療師或醫師的意見。如果心裡感到不安，就很難全心享受親子之樂。

本書將納入兒童的正常發展指標，目的是讓你驚訝並欣喜於孩子發展的同時，判斷如何配合孩子已到達的程度，並非作為「測試」孩子用。所謂的正常發展變化性極大，原因可能有環境、寶寶的基因遺傳，以及各發展層面的交互作用等。例如，很早開始肢體活動的寶寶很可能較慢才學會詞語，也可能較慢出現某特定遊戲方式。你的孩子就跟其他孩子一樣，將出現自己獨有的發展模式。

你可能在孩子正脫離或已脫離嬰兒期時看到這本書。如果他有過造成語言發展遲緩的原因，如耳朵方面的問題或長期罹病，你可能會注意到他的語言程度低於實際年齡。如果是這種情況，請翻到計畫中符合的部分，從那邊開始。我希望你能如願看到孩子快速進步，但如果你有任何疑慮，請即刻轉介至口語暨語言治療。

如果你的寶寶或幼兒受學習障礙、泛自閉症障礙等涉及語言遲緩等問題影響，你應該已曾被轉介至語言治療。不管你正接受的協助為何，我相信兒語潛能開發計畫都能有效地助你一臂之力。請跟你的語言治療師討論這個計畫。在你等待治療的同時，這個計畫必定能幫上忙。

我的朋友有一個患唐氏症的小男孩名叫班尼。班尼四歲的時候，她問我覺得這個計畫對他有沒有幫助。我回答說一定有。我解釋關鍵是她不能以孩子實際年齡來進行計畫，必須先觀察他幾天，看他理解到什麼程度，然後再從那裡開始進行。她發現班尼應該從兩歲的程度開始，因爲他正開始理解一些人名、物名與短句子。她跟班尼很享受彼此相處的時光。在六個月內，班尼的語言理解與運用進步了六個月的程度。他的基因缺陷將使他無法繼續以這種速度進步，不過他的母親現在很有信心，班尼一定能發揮他的最大潛力。

聽力與注意力都是逐步發展出來的

我們住在一個日益吵雜的社會，成年人常把忽略背景音、專注於我們想聽的事，以及想維持專注多久就維持多久的能力視爲理所當然。（你可暫時停下來，聽聽你所忽略的所有聲音。）這個能力如同控制與維持注意力的能力一般，都是逐步發展出來的，而現今有比從前更多的孩子無法學會這個能力。許多聽力完全正常的孩子都出現極大的語言問題。許多臨床醫師與教師紛紛提出意見表示，許多孩子的學習及語言問題源自於無法傾聽。有個朋友曾告訴我，她的孩子十一歲，正準備上中學，校長在歡迎家長的致詞中說，他很確定所有的孩子都有一個共同的問題，那就是傾聽。

孩子需要身邊的成人來協助他們發展，從周遭諸多聲音中選擇該傾聽什麼，以及想聽多久都能保持傾聽的能力。「兒語潛能開發計畫」會解釋該怎麼做到這一點。

本書納入了注意力發展正基於同樣重要的原因。許多人都認爲孩子（還有成人！）不是專注，就是不專注。事實上，集中注意力、維持專注、視需要轉移注意力——尤其是在令人分心的環境中——在兒童期早期是以明確的階段逐步發展。然而，許多學齡階段的孩子皆未發展出注意力。老師日益抱怨孩子在進行課堂活動時無法維持專注，尤其是在吵雜、鬧烘烘的教室中。這種狀況顯然嚴重妨礙學習。在語言學習的早期階段，尤其是孩子開始連結詞語與其意義時，嬰兒與成人能共享專注焦點是很關鍵的一環。此外，對於注意力的控制，傳統上被認爲是成人智力功能的重心。證據顯示，控制專注力不受無關或干擾的刺激影響，與成人智力強烈相關。設法讓孩子專注往往只會讓狀況變得更糟，孩子需要的是大人協助他們透過正常階段進步。

兒語潛能開發計畫將告訴你如何辨別孩子已到達什麼階段，接著如何使他們進步到下一個階段。

遊戲是語言學習的絕佳管道

遊戲在計畫中也扮演了很重要的角色。遊戲常被稱爲「兒童期的工作」，因爲遊戲是兒童學習相關世界知識的方式，也是孩子發展社交關係與表達自己的方式。遊戲和語言發展緊密相連，是增進語言的絕佳管道。孩子可透過遊戲探索物品與材質，身邊的成人在活動時提供相關的詞語將有助於孩子發現新想法。寶寶學會鬆開物體後，從高椅把物品鬆開落下時，大人帶著笑容說：「不見了！」可讓這個遊戲更加好玩。

早期的親子遊戲很重要，可讓大人和小孩形成共有的經驗與想法，並建立未來共享記憶的基礎，成爲對話的主題。在往後的階段，假想遊戲受語言的影響更爲重大。某遊戲增加的複雜度與豐富度，將使得下一個遊戲的複雜度與豐富度再次擴展。隨著遊戲的發展，語言將使孩子得以演出許多日常活動，因此增進他對於世界如何運作的理解。在更往後的階段，孩子可運用語言來解決問題與發展想像力。

創意活動是語言學習的絕佳管道，語言同樣有增進遊戲的功能。玩水時可順便跟孩子說滴答、嘩啦等詞。

遊戲是另一個按照明確階段（雖然有重疊）發展的領域。兒語計畫將協助你辨別孩子的各個階段，並教你如何運用遊戲作爲語言輸入，並在各階段開創更豐富有趣的遊戲。

本書將教你如何以極爲簡單的方式把孩子的潛能開發到極致。你不需要花很多時間，一天僅三十分鐘就能產生巨大差異。最重要的是，這個計畫完全沒有壓力，對你和孩子都充滿樂趣。你將心滿意足地發現你充分運用了這段發展的關鍵期，賦予孩子終生受益的優勢。

在兒童語言領域工作多年的經驗讓我相信，**沒有比在孩子生命之初賦予他溝通能力更好的禮物**。本書將教導你如何促進孩子這方面的發展，讓他擁有可能範圍內的最佳溝通技巧。

本書不僅爲父母而寫，孩子的祖父母、家庭的其他成員都適合閱讀。孩子的保母、托兒所的護士與照顧者，每一個負責照顧幼兒的人，也都是本書的對象。

隨著你繼續閱讀的同時，希望你能與我一樣對這個迷人的領域覺得有趣，最重要的是，衷心希望你在協助寶寶發揮最大潛能的同時，能享受其中的樂趣。

階段1

從出生至三個月

發現寶寶溝通與互動的驚人能力

寶寶的誕生，無疑是生命中最緊湊的歷程之一，剛出生的前幾週，你會全心投入於認識自己的寶寶，及如何照顧他的迷人差事中。如果他是家裡的第一個孩子，你可能會跟我一樣感到震驚——原來育兒是如此忙碌的全職工作！而且是一件非常累人的任務，尤其是在寶寶約六週大時，有些寶寶偶爾已經能一覺到天亮的那個神奇時刻來臨之前。

剛出生的寶寶，除了把頭自動轉向媽媽的乳房或奶瓶吸奶外，對身體的控制極其有限。他常放聲大哭，但最初幾週父母很難弄清楚他到底要什麼，不過寶寶能看、能聽（雖然最初幾週寶寶的視力和聽力還不是很好）、能嚐、能聞。另一個重要的感官是他的皮膚，他能透過皮膚接收許多外界的訊息，尤其是溫暖、撫觸與安適感。

你將發現寶寶在溝通與互動方面有驚人的能力，雖然他一開始沒有向你傳達明確訊息的管道，但在這三個月結束前他一定會有！

寶寶的第一個月

溝通發展

以下每一章節，我們都會先描述寶寶溝通與語言發展的階段，並將這些階段與其他領域的發展連結，以增進你對寶寶發展的認知，讓你面對寶寶時更樂在其中也更爲之著迷。（不過請記得，每個寶寶的發展速度不同，而在早期階段，寶寶早一週或晚一週出生都有差別。）

剛出生的新生兒，雖然全然無助且仰賴人照顧，但卻驚人地具備一切，可以用數種方式與周遭的大人互動。寶寶從一出生就對人表現出情感傾向，並且很快地把他人納入溝通過程中。

寶寶出生後不久，聽到別人對他說話、被人抱起或眼神交會時會安靜下來，展現出對身邊人的回應能力。當寶寶在母親懷裡，他與母親臉龐的距離，是寶寶最佳的專注距離。寶寶此時已展現出傾聽的興趣，聽到聲音靠近時會停止活動。在寶寶即將邁入兩個月大前，他已經可以注視附近的聲音來源。

寶寶經常哭泣，但很快會發出哭聲以外的聲音。他在這個階段發出的聲音尙無溝通意義，但他會用凝視、哭聲、停止哭泣、躁動不安與停止躁動，來表示警覺狀態與舒適度，他也會積極尋求與大人的目光接觸。

此時寶寶會哭泣，並發出與身體功能相關的打嗝、排氣等聲音，雖然這些聲音在此階段並非用來溝通，但他身邊的人會因此做出反應並與他目光交會，而讓這些聲音變成有意義的訊息，進而讓寶寶學到不同的行爲會得到不同的結果，也爲往後的眞正互動預作準備。例如，寶寶哭泣躁動時，媽媽說：「噢，你想換尿布啦！」或者當他看向一個玩具時，媽媽說：「你想看泰迪熊？」然後把玩具拿過來。

此時大人的臉部是寶寶專注的重點。對寶寶而言，大人的臉部立體而非平面、明暗對比、有曲線而非直線等許多特性非常有吸引力。寶寶出生三十六小時，就已經顯露出喜歡看媽媽臉部的影片勝於陌生人，同時也顯示出寶寶驚人的學習速度。此外，寶寶喜歡看人類的動作，勝於動物或非動物的物體。新生兒還有一項非凡的能力，如果他看過大人示範這些動作，也會模仿伸出舌頭與張嘴，甚至可以模仿悲傷、快樂與驚喜的臉部表情，但這項能力將於寶寶數週大之後便消失，沒有人確切知道爲什麼新生兒擁有這些能力。

整體發展

寶寶已開始初步嘗試探索世界。他會把頭轉向光源，雖然此時還沒有雙眼視覺，但他已察覺到物體從不同距離與角度看去，大小與形狀都是固定的。即使在這麼早期的階段，寶寶已經可以區分十字、圓形與三角形的不同。

寶寶對自己身體的控制極爲有限，因此常會表現出不平穩且不受控制的大動作。正如所有脊椎動物一樣，他身體的整體發展是從頭到腳：先得以控制自己的頭部，然後是軀幹，最後是雙腳。在這個階段中，如果有人扶住他的肩膀，他的頭可以固定幾秒鐘。寶寶也展現出一些反射動作，而這些動作以後將有明確目的。例如，碰到搖鈴時手部緊握、大人扶著直立時，他會出現完整而協調的走路反射，但僅維持數週。

注意力

小寶寶的注意力有兩個特別顯著的特徵：一是專注時間極爲短暫，二是他完全沒有應付分心的機制。

寶寶第一個月時，觀察他看玩具的方式，他僅看極短暫的時間。同樣的，他只會短暫地看你的臉，當你餵他時，也僅能與他短暫眼神交會。

聽力

傾聽的能力，即專注在我們想聽的事物上，然後維持專注，不去理會不想聽的聲音，這是一種從出生開始，然後逐步發展的能力，這個能力需要長期發展才能臻至成熟，然而聽力可能是最受忽略與低估的發展領域，但對語言與智力發展卻極其重要，而且是非常容易受環境影響的發展領域。

寶寶從出生第一天就能辨別爸爸與媽媽的聲音。把父母的聲音錄起來，模擬在子宮中聽起來的狀態播給寶寶聽，他的反應更強烈，這意味著他可能已經聽他們的聲音好一段時間了。寶寶也對母親懷孕時，經常播放的電視或廣播節目特別有反應（事實上，母親懷孕的第七個月起，寶寶的聽力系統已經具有功能，他過去兩個月都一直聽著這些聲音）。

新生兒的聽力不如成人敏銳，但在幾天之內，已能區別自己的哭聲與其他寶寶哭聲的錄音，也能分辨出眞的寶寶哭聲，以及電腦模擬哭聲的不同，而且他會以更響亮的哭聲回應前者。在這個階段，他比較喜歡音調較高且明顯有很多高低起伏的語調。

當寶寶聽到很輕的聲音時，他會反射性地轉向聲音來源，當周遭出現新的聲音時，他會停下動作，這都是他正在聽的證據。一開始，他對環境中的許多聲音反應並無不同，因爲這些聲音目前對他幾乎沒有任何意義。

不過在數週內，寶寶會開始了解經常出現的重要聲音含意爲何，例如跟餵食相關的聲音。他一開始只能辨別離他非常近的聲音，不過當聲音來源更確定時，他會開始辨別距離較遠的聲音。

 寶寶的第二個月

溝通發展

寶寶奇妙且眞正的第一個笑容，大約出現在六週大左右。這個對大人來說，威力強大且完全讓人融化的笑容，足以讓人心甘情願做任何事，甚至倒立來博取寶寶一笑。在這個階段，他所發出的聲音多寡與臉部表情改變的頻率，不會因爲他是否看著大人而有所不同。他會對廣泛的刺激發出微笑，不僅是對人而已，不過他有時候會主動與大人互動，先看著他們的眼睛，然後把視線移開。

在這個階段，寶寶對自己的整體環境，尤其是對人展露出越來越多的興趣。他常把頭轉過去看聲音的方向，且似乎會專注傾聽是誰在說話。他似乎會回應說話者的語調，當一個半月左右，偶爾別人對他說話時，他也會微笑。

此時寶寶也開始發聲了。他有時會發出表示滿足的咕咕聲。寶寶在此階段通常會發展出特殊

的聲音表示肚子餓，開始以聲音發出騷動來請求大人關注，這是他第一次讓某聲音具有特別的意義。

整體發展

寶寶現在醒來的時間較長也較明確。這階段的動作發展主要是不對稱頸張力反射，也就是頭部轉向偏好的那側，該側的手臂會伸展，另一側的手臂則彎曲。這個姿勢將限制他的視野，但他眼部肌肉的控制正在發展。他現在可以把頭朝向搖鈴或移動的光線，並讓視覺追蹤移動的物體，一開始是橫向，然後是縱向。他可以觀看遊戲活動，有時候可以長時間注視某物體，頭部控制也變得較好，俯臥時可把頭抬起，而且他增強的肌力，充分展現在沐浴時強而有力的踢腿上。

注意力

寶寶在第二個月發展出短時間維持注意力的能力。一開始是吸引他注意的橫向移動物體，大約一週後，也開始注意縱向移動物體。當寶寶看到吸引他的東西時，會突然不動然後熱切地盯住該物。他也可能專注看著你，雖然時間可能不長。寶寶現在會注意身邊所有的聲音，不僅是他最熟悉的聲音而已。

聽力

寶寶一個月大時，對廣泛的聲音展露興趣，並且會專注盯著某個有趣的聲音一段時間。這個階段的顯著特徵，是在四週時，可以聽出ㄆㄚ與ㄅㄚ的差別，雖然差別很小，因此，我們很容易推測寶寶已適應了該語言，但也可能是口語原本就適合人類與生俱來的特性。

寶寶在兩個月大時，已能分辨男性與女性的聲音。

寶寶的第三個月

溝通發展

寶寶從第八週開始，他的凝視與發出的小聲音更常針對大人。到了十二週，他對環境中的人比任何其他刺激物更明顯展露出偏好。他對人發出的聲音比其他東西多，尤其是對自己的媽媽。他第一次對媽媽的臉部表情與聲音語調做出反應，而且自己也可做出臉部表情。相較於陌生人，他對熟悉的大人更容易展現笑容。

寶寶對口語的興趣快速增加，經常四處看並成功找到說話者。他可以辨別出憤怒與和善的語氣。他經常看著說話者的嘴唇與嘴巴，而非整張臉，似乎理解有趣的聲音來自此處。他對所有類型的聲音都有興趣，不斷以眼睛搜尋來源。例如他會找打開的門、餐具的碰撞聲與所有跟家事相關的聲音。他對音樂的興趣表現在聽到聲音會安靜下來，任何類型他都喜歡，不管是流行樂或古典樂，但在這個階段他喜歡安靜勝於吵雜，最喜歡的還是媽媽對他唱歌的聲音。

寶寶更常對自己發出聲音，且發出聲音的質和量都有進步，他也可能把十個以上的小聲音串在一起，在吃東西或吃完後，有時會發出一連串類似英文母音的聲音。當寶寶三個月大時，他已

可以發出令人歡喜的笑聲，且以微笑來回應他人的微笑。

在這個階段，咕咕聲仍是寶寶主要的發聲。當他感到滿足時，也會發出有意義的嬉戲聲。他以舌頭與嘴唇進行探索，看起來彷彿想說話。這種情況最常發生在與大人面對面時。他發出的聲音從口腔前側轉移到後側，運用的聲音範圍也大爲增長，此時會發出大量表達性的聲音，如咯咯笑、大笑與歡聲尖叫。

當別人跟他講話時，他有時會發出聲音，也會以咕咕聲伴隨微笑（這是多麼令人無法抗拒的組合），來回應大人的凝視。令大人與寶寶興奮的語言互動從現在開始發生；**寶寶發出的聲音更多了，尤其是熟悉的大人用生動的臉部表情對他說話時，這是名副其實的人生對話之始。**

整體發展

許多寶寶這時期的新進展，都是因爲他學會了控制頭部，還有到了三個月大的時候，他已能控制負責眼部活動的十二條肌肉。他現在仰躺時可以把頭舉起，坐在大人腿上時頭已很穩固。他可以從某物體看向另一個物體，以視覺追蹤繞圓圈移動的物體，並觀看被拉行的物體。

此時寶寶正逐漸喪失不對稱頸張力反射，以及許多早期的反射。他喜歡坐著，表現出對周遭世界與日俱增的興趣，並開始意識到熟悉的情境。當玩具放在他眼前時，會立即看向玩具、露出興奮的神情，並展現伸手去拿的粗略動作。他可以揮動手臂，把手臂往中間靠，並玩弄手指頭。寶寶似乎從這個時期才開始注意到手指頭的存在。當他專注地看著手指頭，如果有人把搖鈴放在他手中，他可以緊握搖鈴。此外，他洗澡時踢腿的動作也更爲有力了。

近期令人興奮的研究發現，稚齡的寶寶似乎對物理世界的原則，有驚人的理解，這點跟我們先前的認知不同。寶寶似乎知道固體不能穿過另一個固體，物體沒有支撐物就無法掛在半空中。另有證據顯示，三個月大的嬰兒記得藏起來的物品仍然存在，這個記憶包含被藏起物品的資訊、方位、大小、硬度與彈性等。但爲什麼寶寶此時不運用這項知識來尋找，一直要到人們以爲他們了解物品仍持續存在的八、九個月大時才這麼做，仍然是個謎。

我們現在也知道嬰兒出生後就開始形成觀念。例如，寶寶三個月大時，拿一系列馬的圖片給他們看，他們可形成排除其他動物的觀念，包含斑馬。新生兒在短短三個月內，似乎已成爲能力驚人的小小科學家。

注意力

寶寶三個月大時，開始學會控制自己的注意力，這是他第一次有意識地將注意力從某物體轉移到另一個物體上，雖然僅是短暫的凝視。他可以短時間地觀看感興趣的物體繞圈移動，也可以觀看物體被繩子拖著走。他對人表現出較持久的注意力，可凝視說話者的嘴巴，並喜歡看人到處活動。在這個階段結束前，他剛學會把目光轉移到別人在看的東西上，這是往後語言學習的重要先兆，亦即與大人共有共享式注意力。

聽力

寶寶前幾個月時會到處尋找說話者，聽到別人說話會安靜下來，在第二及第三個月時，寶寶開始對人展現出濃厚的興趣，對音樂與環境中的其他聲音也更加敏感。然而寶寶在這個階段，仍無法僅專注於前景音，或把背景音過濾掉，這點對於兒語潛能開發計畫有非常重要的意義。

這樣和寶寶玩遊戲

從現在起，遊戲和語言都能美妙地結合。此時的遊戲完全建立在大人與寶寶互動的基礎上，尙未涉及外部的物品或事件。因此，對寶寶而言，大人基本上是這個時期唯一所需的遊戲器材！寶寶會巧妙地帶領你進入他覺得最有趣又有意義的活動。

跟寶寶進行身體遊戲是他很享受的一件事，你會是遊戲活動的發起者。拍拍他的腳、輕搔他的小臉，讓他的手指繞著你的手指，數數他的手指和腳趾，用頭輕撞他的小肚子，這些活動不僅對你們來說很有趣，若能搭配我們稍後將討論的口語輸入，都有助於刺激寶寶，讓他能用自己的感官探索環境。即使是最初幾週的遊戲，對於形成信任關係仍很重要，也是日後語言的重要基礎。

寶寶兩個月大時，輪流發聲將成爲你們遊戲中很愉快的一部分，但**在這個階段你必須配合他，而非讓他配合你**。

★寶寶很喜歡看色彩對比鮮明的懸掛物，尤其是黑色與白色。

★簡單的鈴鐺與其他音樂玩具是很好的聽覺玩具。

★寶寶喜愛容易抓握、可啃咬的鮮豔物品。

★不同質地的東西可刺激寶寶感官，例如一塊簡單的布，就是這階段的最佳玩具。

寶寶三個月大時會出現許多改變和發展。他們現在需要可以看與聽的東西，到了這個階段快結束時，還需要可抓握的物品。如果你把響鈴放進寶寶手裡，他會去搖動它。你把物品遞給他，他會伸手去拿，也喜歡把玩這些東西。寶寶的口腔是他主要的探索工具。他會開始觀看距離較遠的東西，並需要大人爲他改變視角，好讓他有不同的東西可看。他需要時間獨自把玩許多不同的物品，也需要很多時間跟大人嬉戲。他喜愛音樂和歌唱，也享受拳打腳踢、稍微掙脫衣物的滋味。

電視與影片

雖然電視可協助特定階段的孩子學習，再者，見識世界的不同面向，也是極佳的娛樂來源。然而，電視可能妨礙寶寶其他方面的發展，尤其是在非常早期的階段。

嬰幼兒具備了絕佳與生俱來的溝通與互動傾向，可以在最初的數月或數年間以驚人的速度產生巨大的進步。然而，寶寶若要達成這件事，必須有可回應與溝通的夥伴，而電視絕不可能勝

任。**請不要忍不住用電視來安撫寶寶的騷動或哭鬧**。電視無疑是強大的刺激來源，因為它有會移動的鮮豔色彩，足以讓幾週大的寶寶深受吸引，然後積極地找電視看。請務必忍住誘惑！

寶貝觀察紀錄

寶寶三個月大時的表現：

★跟寶寶玩的時候，他會咯咯笑或笑出聲來，由此可見他多麼喜歡這件事。
★發出咕咕聲，或一些不同的聲母與韻母組成的小音節。
★跟寶寶說話時，他偶爾會發出聲音回應——這是對話的開端。
★表現出對口語很有興趣的樣子，會用眼睛四處搜尋說話者，並觀看他們的嘴唇與嘴巴。
★對聲音表現出興趣，例如與家務活動有關的聲音。
★明顯表現出喜歡聽音樂的愛好。

媽咪要注意

寶寶滿三個月大時，如果有以下情形，請尋求專業意見：

★不會笑。
★聽到聲音或被抱起時不會安靜下來。
★不會用簡單的聲母發出咕咕聲。
★從不轉頭去看光線或搖鈴的聲音。

★該餵食時不會哭泣。

兒語潛能開發這樣做

這天終於到來，你抱著奇蹟般的新生寶寶回到家，想爲這個全然依賴你的小東西付出一切。不用擔心！小寶寶在這個互動過程中顯然不是扮演被動的角色，他會在過程中做出巨大的貢獻。雖然各文化在養育孩子的實務面上差異頗大，但在生物學上受到激發的反應幾乎所有文化都大同小異。

不過不幸的是，往後的階段並非如此，屆時我們都需要學習該怎麼做、如何做。在最初幾個月內，只要一些非常重要的條件被滿足了，你就可能不費吹灰之力地達陣。隨著寶寶年齡稍大，我會一一告訴你從寶寶身上可以看到的轉變，如果有些事並未如期發生，你需要做的調整也將是簡單而愉快的。

一天半小時，完全屬於你和寶寶

首先，也是貫穿整個計畫的原則，就是**跟寶寶建立起一天半小時、可以完全專注在彼此身上的一對一時間**。**這段完全屬於你和寶寶獨處的時間，是你能給他最好的禮物**，這對寶寶與幼兒而言獲益匪淺。你不需要另外規畫特定時間，而是以延長餵食或換尿布的時間來取代。這段時間不但可以讓你們互相了解，也讓你從寶寶的角度看世界，且充分了解他驚人的能力。

一對一遊戲時間，環境一定要安靜

寶寶的注意力在這段珍貴的獨處時間中，正開始以小而微妙卻非常重要的方式形成，但**環境必須安靜，盡可能不要有電視、影片、廣播或音樂的干擾，也盡量不要有其他人進出**。

相較於成人，寶寶需要差異更大的背景音與前景音，才能逐步專注在特定的前景音上，且過濾掉背景噪音。

在這個階段，寶寶能辨別如ㄆㄧㄣ與ㄅㄧㄣ的聲音。許多研究證據顯示，環境中必須有機會讓這種區別能力運作，也就是讓寶寶有機會大量且清楚的聽見口語才行，所以**寶寶一定要在安靜的環境中聽大人對他說話**。然而，研究發現，大人在背景中對話，對寶寶的發展過程並無幫助，這表示，生活中若有不只一位大人願意與寶寶進行兒語潛能開發計畫雖是好事，但每位大人務必在不同的時間分別進行。

我們處在吵雜與充滿刺激的環境，許多孩子眞的沒經歷過只傾聽與注意一個聲音來源的情境。我曾做過一個研究，研究對象爲數百個寶寶，高達八六%的寶寶竟然都是如此！

聽力與注意力這兩個基礎技巧，是孩子日後所有學習的關鍵。我們會在書中探討許多能協助發展這些技巧的方式。

與寶寶的遊戲時間請保持房間安靜。

如何跟寶寶說話

你可以從寶寶出生的第一天起，就開始跟他說話。許多研究證據顯示，對孩子講話的多寡與他們的語言發展有非常密切的關係，而且越早開始越好。**雖然寶寶還聽不懂你在說什麼，但是你的聲音清楚向他傳達出你的感覺，這是建立親子感情最強有力的因素，而這種感情也是維繫寶寶一生心理健康的關鍵**。我們都見過大人講話來安撫寶寶的成效，語言更是你回應寶寶的主要管道。

在這個階段，說些什麼其實不太重要，雖然往後確實非常重要。你可以跟他說現在正發生什麼事，或者你心裡在想什麼。例如，你可以說：「現在是我們的遊戲時間。你現在看的是泰迪熊。」我清楚記得，我曾在女兒出生的醫院往回家的路上，告訴當時三歲大的女兒途中那些路標。而你也可以說類似這種話：「我很喜歡我們特地爲你房間選的動物圖案的綠色壁紙，希望你也喜歡。」

常常跟寶寶講話。

在你與寶寶獨處的安靜環境中，以較特殊的方式對他說話：

★用抑揚頓挫、短而簡單的句子跟寶寶說話。你可以說：「你上來了。」或「你在我腿上。」

★跟寶寶說話時音高要比跟成人說話時高。

★慢慢講，每個短句或句子間暫停一下。

★重複講，例如：「這是你的手指頭，一隻手指頭、又一隻、又一隻……」或「泰迪熊的眼睛、泰迪熊的鼻子、泰迪熊的嘴巴……」

★與寶寶面對面靠近說話，即使你會克制不住一直想摸他。

★你也可以對寶寶講一些這個時期自然而然脫口而出、甜蜜而沒有太大意義的話，例如：「誰最棒？你最棒，對啊，你是啊，你最棒了！」

大量重複對寶寶說的話。

寶寶對我們在這時期強調的節奏、音量與音調起伏特別敏銳，大人們也習慣以較高的音調對寶寶說話，這是因爲寶寶的外耳道與成人相較，能與較高的音頻共振。這種形式的說話方式最能幫助寶寶在一個月大時建立辨別「音素」（改變字義的最小聲音單位）的驚人能力。

用較高的音調對寶寶說話。

這也是最能吸引寶寶注意力的說話方式。大人這樣說話時通常會面對微笑、表情多變，同樣也能吸引寶寶的注意。

重複說話，寶寶的大腦會因經驗重複而形成迴路，在最初幾週，你可能會發現自己和寶寶同時發出聲音。六至八週左右，你和寶寶會開始建立起對話的開端。請配合寶寶的活動與他輪流發聲，例如，他對你發出咕咕聲，你就對他發出一樣的聲音。他左右擺動自己的頭，你也立刻這麼做。他對你笑，你就對他笑，這眞的是你們之間終生對話的開端。當你用誇張的臉部表情、高低起伏的聲音，生動地對寶寶說話時，寶寶也會對你發出較多的咕咕聲。你的回應方式就像他正意圖傳達某些特定訊息給你，例如他騷動時，你回應說：「喔，你餓了，我泡牛奶給你喝。」這會幫助寶寶了解我們發出的聲音其實有特定作用，且帶領他走向溝通之路。

開始跟寶寶輪流「對話」。

當寶寶接近三個月大時，大人通常會開始模仿他發出的聲音，更常回應他尚無意識的溝通，與他產生越來越多的「互動」對話。**盡量模仿他的聲音，這是這階段發展「對話」的最佳方式**。

你在這幾個月應該會常常對寶寶唱歌，而且他也很喜歡聽，寶寶不僅能被你的歌聲安撫，也會體會聆聽聲音是非常享受的事。以聆聽的角度來說，在安靜的背景中，沒有比唱歌更好的前景音了。隨便選唱什麼歌曲、曲調或流行歌曲都好，只要唱你記得也喜歡的就好。經常重複唱相同的歌曲，對寶寶的確很有益處。

模仿寶寶發出的聲音。

有時候當你在忙寶寶以外的事情時，你可以用實況報導的方式跟寶寶聊自己正在做什麼或發生了什麼事，例如：「我正在削馬鈴薯皮，一個下了鍋，另一個也下鍋了。我最好動作快一點，我們今天要早點吃中餐。」這種說話方式讓你在不直接與寶寶接觸時，仍可保持某種程度的接觸。此外，這可讓寶寶聽到語言的全貌，不論是連續語音的節奏、音調與重音。

如何問寶寶問題

「問句」在大人對兒童語言輸入中，占相當大的部分，問句可能對孩子大有幫助，也可能幫助不大，取決於我們如何使用問句、爲什麼以及使用多少問句。在寶寶的前三個月時，你會發現自己用很多反問句，例如：「誰是聰明的小寶寶？」這種問題不需要回答，僅是情感陳述，這樣做並無妨。稍後對於問句也會有更多討論。

當寶寶同時接觸兩種語言

很多人問我，當家裡大人講的語言不只一種的情況下，該對寶寶說哪一種語言？

有一位父親是法國人，妻子是希臘人，他們居住在倫敦。他想知道他們應該跟一個月大的女兒講什麼語言。每當我聽到這種情況時的第一個反應都是，這個小女孩幸運的能有流利運用三種語言的機會，並得以接觸不同文化的詩與文學。我的建議是，他們完全不需要擔心的語言是英語，因爲他們的小女兒在適當的時候一定可以從環境學得英語。接著我建議他與妻子跟寶寶單獨相處時，分別以他們的母語跟她說話，這樣一來她就能毫無困難地學會這兩種語言，尤其是如果他們能遵循兒語潛能開發計畫，這個基礎能讓她日後輕易就學會第三種語言——英語。

我最近看診時碰到一位討人喜歡的三歲希臘小女孩，伊麗莎，家人很擔心她的語言發展遲緩。伊麗莎溝通時都是用單字，僅偶爾用兩個字的短句，且不太會組句。她的父母都是希臘人，英語是第二語言，他們住在英國，覺得應該用英語跟她講話才對。幸好這家人夏天時準備回希臘跟祖父母住在一起，我建議他們完全使用希臘語，而且每日遵循兒語潛能開發計畫。兩個月後我再度看到這家人，伊麗莎的父母很驚訝她學希臘語的速度有多快。於是伊麗莎的父母在家繼續跟她說希臘語，他們也驚訝地發現，伊麗莎在遊戲小組（playgroup，非正式的學前教育機構）中也快速地學會了英語。

許多父母都認為自己的孩子會因為接觸超過一種語言而造成混淆或阻礙，但這種情況僅發生在父母高度混合使用兩種語言，例如在一個句子內同時使用好幾個夾雜兩種語言的詞語，或用不是自己母語的語言對孩子說話，使用非母語的語言時，要調整自己講話的方式其實不容易，兒語潛能開發計畫的主軸就是在日常遊戲時間中，以非常具體的方式調整我們對孩子說話的方式，跟寶寶唸傳統童謠、跟他玩語言遊戲都很有幫助，但如果不是你的母語，就不太可能知道這些資源。

我最近接到一名焦慮的母親打來的電話，她三週大的寶寶疝氣痛，問我寶寶晚上不舒服的時候給他吃奶嘴，會不會對他有不良影響。我毫不猶豫地回答：「當然不會！」身為新手父母，我們都需要盡量取得協助。我從未碰過寶寶因為吃奶嘴，而嚴重影響語言發展的情形，除非寶寶或幼兒感到有趣的事太少，以及與他人的互動太少，使得他成天吸奶嘴或手指，才可能導致問題。

跟寶寶獨處半小時以外的時間，你可以做什麼？

- ★跟寶寶持續講話，講你正在做什麼或現在正發生什麼事，這會讓他聽到語言的全貌。
- ★把背景噪音減到最小，讓他一次專注在一組聲音上。
- ★盡量用短句並大量重複。
- ★對寶寶唱歌，隨便什麼時候唱、唱什麼都好。

階段2

三至六個月

寶寶對你越來越有興趣，盡情回應寶寶

這是一個非常愉快的階段，而且就許多層面而言，會比上個階段輕鬆一些，如果幸運的話，你的寶寶已養成規律的餵食、睡眠與遊戲時間，讓你感覺生活終於多了那麼一點點規律性！

寶寶這時期不僅對你或對其他人展現出社交的興趣，而且還會以迷人的笑容與笑聲回報你，大約要到六個月左右，他才會開始懼怕陌生人，跟陌生人互動時也需要你在身邊才會安心，並且堅持在熟悉的環境中睡覺。

寶寶可能藉由翻身，展現出第一次的行動力，所以這是把珍貴物品從他身邊移走的好時機。寶寶開始理解周遭的世界，專注地看著周圍的所有東西，並伸手抓取，當他看到大人正在準備自己的食物時也會很興奮。

寶寶的第四個月

語言發展

在這個階段，寶寶將繼續累積前三個月發展所得的技巧，而他對人天生的興趣將引領他走向實際口語的開端。寶寶目前仍處於前口語階段，接續所發生的幾個重大發展，將帶領他說出那美妙的第一個字。

就社交互動而言，寶寶會出現兩個重大改變：第一，有人跟寶寶講話時，寶寶會開始出聲回應，這種回應是寶寶與人對話的眞正開端。

第二，寶寶眼部的活動變靈活。寶寶看物體的時間變長，眼睛也比較容易追蹤移動的物體或大人的視線，因此能與大人共享注意焦點。

寶寶頭部與眼睛肌肉剛形成的控制力，讓他得以轉頭去尋找說話者，對周遭的語言越來越有興趣。寶寶經常自發性地或回應他人而笑出聲來，有時甚至會對著鏡中的自己微笑。他經常搜尋說話者在哪裡，不僅是找他最熟悉的人，即使說話者不在視線範圍內，也多半能找到他們，這也代表著他對人的興趣。

寶寶在某種程度上已對口語的溝通意圖有所了解，知道自己聽見的是打招呼或警告。他也對自己聽見的情緒語調有所警覺和反應，他聽見憤怒的聲音會害怕，聽到安慰人的話會緩和下來。

在這個階段，寶寶會繼續發展發聲技巧。他開始牙牙學語，重複一些小聲音，多半是以雙唇發出的聲音如：ㄆ、ㄅ、ㄇ等。

整體發展

寶寶能找到說話者，是因爲對身體的控制力增強了，如果是以坐姿被大人抱著，背可以挺住，頭可以持續抬高，俯臥時也可抬起頭部和胸部。

除了語言的發展外，寶寶開始意識到自己的雙手，並開始玩弄手指頭。他會伸手去抓感興趣的東西，也可以握住別人遞給他的環狀物，如果有人想把東西拿走，他會表現出抗拒。在智力發展上，寶寶已知道物品離開視線範圍後仍持續存在。

注意力

先前曾提到，寶寶偶爾會開始改變凝視的方向與媽媽眼神交會，這是建立共享式注意力的重要指標，這個進展將成爲他發展詞語與意義的連結能力，並以許多方式學習「世界如何運作」的關鍵。

研究發現，母親對於寶寶四個月時注意力發展的敏銳度，可預測寶寶十三個月時的語言發展程度。一項有趣的研究結果顯示，若能在寶寶四個月大時，意識到寶寶的注意力是否飄忽的媽媽，其寶寶十七個月時懂的詞彙，比起母親未有此意識的寶寶要多。這可能是因爲媽媽對寶寶注意力較有意識，跟寶寶說話的時間較多。當你的注意力不在寶寶身上時，他會開始尋找吸引你注意的方式。他會使勁做出動作，有時伴隨著小聲音，讓你注意他！

聽力

由於寶寶肌肉的控制力大幅進步，現在已可以左右張望尋找聲音，這是寶寶未來直接找到聲音，連結聲音與聲音來源重要的第一步。在這個階段，他無法只移動眼睛，必須轉動頭部。他對講話的聲音特別感興趣，會費力尋找視線範圍外的說話者，也因爲他對聲音實在太感興趣，常會停下自己的活動，好聽得更仔細一點。

正如先前所提到的，寶寶首度開始把意義附加在自己所聽見的語言上，對不同語調的聲音會出現不同的反應。他意識到母親的聲音可以傳達愉快、警告，甚至不悅，而他聽到憤怒的聲音也會感到害怕。

寶寶似乎開始聽自己所發出的聲音並享受其中，他藉由各種不同的舌頭與嘴唇動作來發出聲音，且接收他人對這些聲音的回應。

寶寶的第五個月

語言發展

寶寶對環境的意識、理解與興趣正極速提升，他首度對某事表現出期待，這點可由他聽到別人在準備他的食物時，所顯露出的興奮情緒展現出來。而他聽到別人對他說話，或聽到音樂時停止哭泣或躁動，也是這種狀況的表現。

寶寶已開始連結語言的片段與特定活動或情境。例如，他可能聽到大人語調生動地說：「媽媽抱抱」，就把雙手舉起來。寶寶第一次把詞語和意思連結起來的神奇時刻，似乎也在這個時期發生——他可辨認自己的名字，聽見有人叫喚他的名字時，會馬上四處尋找說話者。他似乎理解特定聲音的排列有其意義，不久之後，寶寶似乎就能理解「不可以」是什麼意思，雖然他不一定會聽！

寶寶的視覺追蹤在這個階段已成熟，通常已能找到在他附近說話的人。這可讓寶寶和大人間有更多的共享注意焦點。他現在可以認得自己的兄弟姊妹，也喜歡看他們玩。他看著母親的一舉一動，這會讓他理解事物的意義，有助於他理解「世界如何運作」。

當寶寶獨自或與別人在一起時，都會頻繁進行發聲遊戲，他所發出的聲音範圍廣闊許多，已能從口腔後部發出ㄍ和ㄎ的聲音，也常以特定聲音來表示自己的不悅。每個寶寶所發出的特殊聲音都不同，只有經常跟他相處的人才知道他的意思。

寶寶的溝通仍沒有意圖性，但他較多的動作、聲音與臉部表情，則讓周遭大人比較容易了解他的感受與想要什麼。當大人辨識出寶寶的意圖，能與寶寶之間形成共享式意圖，這對於語言發展極爲重要。

整體發展

現在只要輕扶寶寶，他就能坐直。他可以轉動頭部，仰躺時可抬起頭來。有些寶寶在這個時期會出現重大進展，可以由一側翻到另一側。寶寶首度體驗到行動力，以及對自身環境的部分控制力。接著寶寶會開始廣泛地探索，並由不同角度觀看物體與活動。

寶寶現在可以伸手去拿並抓握物品，雖然有時候會伸過頭。他不可避免地會把東西往嘴裡放，這是他現階段探索物品屬性的主要方式。他也喜歡玩手指頭和腳趾頭，對自己手腳的意識都在發展。

注意力

就注意力發展而言，寶寶這個月與上個月的改變不大。基本上寶寶的專注時間極爲短暫，只要一點小事就能讓他分心。當他發現你的注意力不在他身上時，他吸引你的方式爲「叫喚」，也就是大聲嚷嚷好讓你注意他。

聽力

寶寶現在尋找聲音來源的技巧越來越熟練，雖然他仍需要把整個頭轉過去，不能只移動眼睛。他不只能找到與耳朵同高的聲音來源，也能找到視線下的聲音來源。他可能轉頭去看周圍的任何聲音來源（不只是他熟悉的人），不過他還是最可能轉頭去找家人的聲音。他也開始把比較熟悉的聲音與其意義連結，例如聽到門鑰匙轉動的聲音就很興奮。他對音樂很感興趣，非常喜歡有人對他唱歌，也喜歡聽樂器發出的聲音。

一些有趣的研究指出，這個年紀的寶寶對於區隔句子的說話速度、重音與音調模式已經很敏感。

寶寶的第六個月

寶寶在這個月，會針對環境中的所有人，表現出更多意識增長的重要指標。他對不同人會有不同反應，尤其開始意識到誰是陌生人，也會第一次表現出害羞，還會表現出對同儕的意識，對他們微笑並發出聲音。

語言發展

寶寶現在了解言語的粗略意義，如警告或憤怒，並開始理解許多情緒，在往後的假想遊戲也會用上這些情緒。令人興奮的是，他現在已能理解一些常聽見的重要詞語已能表現出理解，如「爸爸」和「再見」，他理解這些詞語的時間遠遠早於實際運用的時間。他會開始記得並對日常例行活動有所回應。他更理解「不行」的意思，大概有一半的時間願意遵守這個指令！

寶寶的發聲出現很大的變化，無論是他所發出的聲音，或是使用這些聲音的方式。他能發出由口腔後方所發出的ㄍ和ㄎ等聲音，也開始吐出一連串重複的含糊音節，如多次重複同樣的音節，常聽到的是「ㄇㄚㄇㄚ」「ㄉㄚㄉㄚ」「ㄅㄚㄅㄚ」等，這些都來自口腔前端，是容易發出的聲音。有時候人們會以為這是寶寶所說的第一個詞語，不過這個小小的奇蹟其實尚未發生。寶寶很明顯正享受聲音的樂趣。寶寶溝通發展的重大進展，是當他開始針對某人發出咿啊聲，彷彿知道我們對彼此發出許多聲音，他也想加入這個遊戲。他有時會打斷別人說話，不等其他人停下來就發出聲音，也會開始跟著音樂哼唱，有時候發出聲音時會配上手勢，而且覺得模仿咳嗽很好玩。

寶寶現階段發出的聲音開始轉向周遭所聽到的語音，他詞彙庫裡的聲音開始轉變爲周遭語言中的聲音，而周遭語言中所沒有的聲音則逐漸被淘汰。有趣的是，接觸一種以上語言的寶寶，在兩種語言表現都能做到這點，這也是爲什麼只有在嬰兒期或童年早期聽過某語言者，能以完美的口音講出該語言的原因。

整體發展

寶寶在這個階段幾乎可以不需要人扶就坐著，俯臥時，會出現爬行的反應，翻身的能力擴展了他的視野。他喜歡被舉起擺動，也會把手舉起要大人這麼做。他伸手取物的動作變得精準許多，大人能輕易知道他要什麼。他有時候會發出聲音來配合伸手取物的動作，這是說出物品名稱的前兆。

在這個階段，他以同樣的方式對待所有的物品，拿起所有東西敲擊和搖晃，然後往嘴裡放。寶寶開始了解事物的因果，如敲擊玩具可發出特定聲音。

寶寶日益進步的手部靈活度與技巧有助於他的探索。寶寶現在的手眼較協調，使他有目標性地操縱物品，他可以用手撿拾小東西，從桌上拿起某玩具，並抓住別人拿到他面前的東西。他還無法自發地鬆開物品，或一次拿超過一項物品，如果別人遞給他第二個玩具，他會先放掉第一個。他開始意識到物品的功能，如杯子是用來喝東西的。

這個月齡的寶寶基本上求知若渴，他專注地觀看所有發生的事，觀察大人怎麼玩玩具，然後試圖模仿他們，也喜歡模仿臉部表情。另一項進展是他會到處尋找滾到伸手可及範圍外的玩具。

注意力

寶寶的專注時間逐漸變長，但僅針對以下情況的事物：

★對寶寶已產生意義的事物。

★剛好是寶寶選擇的專注焦點的事物。

★在寶寶附近的事物。

寶寶首度選擇性地傾聽某聲音，並專注於重要而有趣的事情上，這點對於日後的學習非常關鍵。

不過，寶寶現在仍極容易分心，一次僅能專注於某種感官如聽覺、視覺或觸覺所取得的資訊。**當他全心專注於以手或嘴探索物品時，就無法專心聽，與人的目光接觸也減少許多。遇到這種情況時，你可能會短暫地以爲，他是不是聽不見或得了自閉症。其實不是，他只是在忙！**

寶寶這個時期最重要的發展是追蹤大人的視線——看他在看什麼——這能讓寶寶和成人共享對於某事或某物的注意力，這個能力將開啓他日後的學習之門。

寶寶現在可以觀看大人玩玩具，他試圖模仿大人做的事，然後共享注意焦點，一起進行遊戲，這也將開啓他另一個極爲重要的學習途徑。

聽力

寶寶這個時期將出現一些很重要的聽力發展。他會更迅速轉頭去找聲音來源，但只有在這些聲音來源與他的耳朵在同一條水平線上，並且靠近他時，他才能直接這麼做。寶寶對傾聽展現出極大的興趣，他會掃描環境中所有的聲音，然後建立更多聲音之間有意義的連結與聲音的成因。他傾聽的能力仍極爲有限，由於他的聽覺專注時間極短，還不能持續傾聽，但對於那些已對他產生意義的聲音，則可維持較長的注意力，即使在這種情況下，他仍極易分心。然而，他已經可以開始分辨靠近他與離他較遠的聲音。

寶寶首度可以偶爾同時看與聽，這是很大的里程碑，過去完全無法做到這點，這個能力以現階段而言也不太穩固，要仰賴環境配合才能展現出來。只有在房間非常安靜、看與聽的對象相同，而且是他非常感興趣的事物才行，如果他正忙著以手或嘴研究某物，就完全無法傾聽。當你給他新玩具的時候，除非他已先完成他的探索，否則此時跟他聊玩具的事沒有任何意義，這種情形將維持好一段時間。

許多研究都觀察到，即使在這麼早期的階段，每個寶寶的傾聽能力差異仍相當大，而這些差異是因環境條件所致。

這樣和寶寶玩遊戲

遊戲一向是語言輸入的完美媒介。不同年齡的遊戲其實有許多重複的地方。現階段的遊戲有兩個貫穿主軸：

★現階段遊戲的基礎爲大人與寶寶一對一的互動，如同前三個月所有的遊戲一樣。

★由於寶寶對身體的控制力與手眼協調日益進步，對環境的覺察力也增強，現階段也加入把玩物品的遊戲。

第四個月的遊戲

這個時期是重複的互動遊戲之始，對寶寶、對大人都是很有趣的過程。大人與寶寶在遊戲中的動作同步且結構化，使寶寶可預期並預測下一步爲何。遊戲是寶寶最早開始控制某情境的機會，能讓他略微理解事件的順序，以及自己如何及何時能參與其中。

跟寶寶玩肢體遊戲樂趣無窮，尤其寶寶現在對身體部位已更有意識。他喜愛搔癢遊戲，他嬉鬧的回應透露出他渾身上下都極爲享受這個遊戲。

唸謠和歌曲成爲遊戲很重要的部分，其重要性也將維持整個嬰兒期與童年的語言發展，寶寶能生動地傳達對遊戲的喜愛，尤其是配合著肢體律動的遊戲。這個興趣與寶寶對語言節奏萌生興趣的時間點一致。

寶寶不太協調地把玩物品並放入口中，藉此享受探索的樂趣，所有物品在這個階段受到的待遇都相同。寶寶的口腔顯然是他研究物品的主要管道，透過這些研究持續不斷地學習。

第五個月的遊戲

寶寶對簡單的互動仍樂在其中，預期每個人的動作成了樂趣的重要來源。大人把臉藏在靠枕後再突然拿開的「躲貓貓」遊戲，是此時期寶寶最愛的遊戲。寶寶的肢體語言與發出的聲音，清楚傳達出他了解遊戲雙方的角色——把臉藏起來的人決定什麼時候露臉，而另一方則屏息以待！寶寶希望繼續遊戲時會清楚讓你知道，他熱愛可能猜到下一步會發生什麼事的重複活動，並開始積極參與角色輪流。他仍非常喜愛肢體遊戲，並開始玩弄手指頭與腳趾頭。寶寶此時期穩固建立起社交互動的基礎，對溝通過程的理解也在此時逐漸形成。

寶寶伸手取物與抓握物品的控制力此時相對較佳，使他對物品的興趣隨之增加。他仍喜歡把物品放入口中及用手碰觸來探索物品，現在也開始搖動與敲擊物品。他開始萌生對事情因果的理解，如理解到敲擊或搖動物品會產生噪音。他也喜歡研究不同顏色、質地與形狀的物品。

寶寶現在會觀看其他人遊戲，不管是大人或孩子，並從中學習，他開始模仿別人玩玩具的方式，並加入遊戲中。他會想一直玩下去，也會清楚向大人表達自己想繼續這個活動。

第六個月的遊戲

寶寶喜歡肢體動作以及與發聲有關的遊戲，例如把臉藏起來的躲貓貓。他也喜歡大人把他放在腿上輕晃，他會一邊發出滑稽的聲音。他喜歡在遊戲時被舉起旋轉。

- ★有吸盤可吸附在嬰兒車或嬰兒床上的搖鈴
- ★環狀搖鈴
- ★鏡面搖鈴

★嬰兒車玩具
★軟積木
★軟球
★軟布
★簡單的鈴鐺與其他發出聲響的玩具
★鈴鐺球
★泰迪熊及其他軟玩具

寶寶的手眼現在開始合作，除了放入口中與以手碰觸外，用眼睛看也成了他探索的管道。他對玩具及其他物品的興趣非常強烈，現在可較長時間地探索每一項物品，且全然投入於探索過程，甚至無法同時看大人。由於寶寶目前的專注時間仍非常短，他會快速由某物品轉移到另一件物品上，因此，寶寶現階段的主要需求爲各種質地、形狀與顏色不同的物品，來讓他探索與研究。

寶寶現在觀看母親與其他人的時間越來越多，並因此開始學習物品的功能與事件的順序，他日後也會把這些知識融入遊戲中。

電視與影片

針對電視與影片，現階段與寶寶頭三個月時一樣：他的生活中還用不上這些，他的需求仍是有回應、能互動的夥伴。

寶貝觀察紀錄

寶寶三個月大時的表現：

★以肢體律動與臉部表情，清楚表達出他可辨別生氣與和善的聲音。
★開始認得他常聽見的詞語，如「掰掰」或「爸爸」。
★對小請求做出回應，如「媽媽抱抱」。
★似乎知道「不行」的意思，有時會停下正在做的事。
★獨處或與他人一起時，常玩發聲遊戲。
★清楚以聲音向某人表達，開始某「對話」。

媽咪要注意

寶寶滿六個月時，如果有以下情形，請尋求專業意見：

★寶寶不常轉頭到處看誰在講話。
★寶寶很少以眼睛追蹤移動的物品。
★跟寶寶說話時，他很少以聲音回應。

★寶寶不會發出聲母與韻母的結合音，如ㄆㄚ、ㄍㄨ等。

★除了哭聲以外很少發出聲音。

兒語潛能開發這樣做

在接下來的三個月，只要跟著這些基本但極為重要的原則，寶寶將持續刺激你提供最利於他發展的語言輸入，正如我們已看到的，寶寶在此階段的發展速度非同小可。

一天半小時，完全屬於你和寶寶

幸運的話，寶寶現在已經有規律的餵食、睡眠與遊戲時間，晚上終於能睡個好覺了！如果是這樣，你就可以跟寶寶共享不受干擾的相伴時間，不必利用餵食或換尿布的前後進行遊戲。如果寶寶尚未建立規律的作息，請跟從前一樣利用那些時間，盡量尋求對你來說壓力最小的方式。**你對於寶寶全然的注意力是給他最好的禮物，他享受你的注意力勝於一切，這對寶寶和幼兒來說是最有效的紓解壓力管道，他隨時都渴望你的注意力**。每天騰出一段專屬於他的時間，成為他逐步探索世界始終如一的夥伴，是你能賦予他最棒的學習機會。

一對一遊戲時間，環境一定要安靜

正如我們已知的，保持環境極其安靜，沒有廣播、音樂、影片或電視是非常重要的。寶寶本階段的聽力與注意力發展雖不明顯但很重要，而且僅能在沒有干擾的環境下才能做到，尤其是沒有背景噪音的環境。寶寶專注於前景音、不去理會背景音的能力正是由此刻開始養成。我們曾提過，寶寶一開始需要較大差異的前景音和背景音，才能培養出這個能力。此外，寶寶需要清楚聽見自己的發聲，才能針對舌頭與嘴唇的動作，及其產生的聲音進行必要的連結。

寶寶需要清楚聽見自己的發聲。

這階段的寶寶非常容易分心，他的專注時間基本上仍是稍縱即逝，因此，在他身旁放置許多有趣的物品讓他去拿或看相當重要，如果他想把某物帶進遊戲中，你也可以遞給他。你可花心思準備一些簡單而能發出聲響的玩具，這個階段的寶寶特別喜歡這類玩具。

安排遊戲空間時請讓寶寶靠近你，你可以抱著他，或坐在地板上，並讓寶寶坐在你前方的小椅子上，透過這種方式，他可以對語音進行非常細微的認知與區別，請確定所有的玩具都在容易取得的範圍內。

有一個極為重要的原則：**如果寶寶已經不願意，千萬不要強逼寶寶或幼兒把注意力保持在某物或某動作上**。沒有什麼比這樣做更不利於寶寶的注意力發展。（你未來還有合適的時間可以教他把注意力放在某物上，並鼓勵他一直注意該物，但現在不是好時機。）

絕不要試圖延長寶寶的專注時間。

若寶寶的注意力已自然轉移，所有試圖讓寶寶專注力集中於某焦點的行為，只會讓寶寶的注意力在自身和大人所選的專注焦點間分裂，使注意力片段化，如果情況嚴重，將延緩孩子的發展，對孩子和大人都造成很大的挫折，但可悲的是，這其實是一個很常見的問題，我們每每跟家長解釋這種情況後，都可以看見孩子產生即刻的變化，效果非常驚人。

伊姆蘭的父母很絕望，他們要伊姆蘭做什麼，他都不肯。他幾乎不怎麼玩，在家裡橫衝直撞，所到之處就把東西砸碎打爛。他的父母加倍努力，企圖讓他玩他們所選的玩具並聽話一點，但他只是越來越抗拒，不僅抗拒他們建議的遊戲方式，基本上所有的話都不聽，包含與飲食、睡眠相關的指示。尤其是他母親，幾乎快哭出來說：「我當然愛伊姆蘭，可是我覺得要喜歡伊姆蘭或享受他的陪伴是很困難的事。」在兩週的日常遊戲時間中，我們讓伊姆蘭清楚知道，他現在隨時可以轉移注意焦點，結果他的改變讓父母既驚又喜。他不僅能以適當的方式玩，也能長時間玩玩具，順從度也提高了。他的母親終於能再次享受他的陪伴！

如何跟寶寶說話

讓寶寶有時間「回答」是很重要的，所以不要忍不住在這段特別的遊戲時間一直聊自己的事。你應該非常留意你們之間的聲音「對話」。**你說完話後應該暫停，讓他有時間回答**。你也應該留意他講完暫停的時候，此時是你講話的時機，而且你們現在應該比較少重疊說話了。給自己這段全神貫注與寶寶共處的時間，對他溝通與互動的敏感度將逐步增加，他也會帶領你以最適當及有益的方式來回應他。

注意寶寶講完話停下來的時候。

某個以五個月大寶寶的母親爲對象的研究，觀察寶寶試圖邀請這些媽媽輪流發聲時，媽媽們的回應頻率，包括等待寶寶表現出「已輪到媽媽」的指示，並給寶寶充足時間來回應自己，以及結果顯示，母親回應寶寶的頻率與寶寶十三個月大時的專注時間長短、象徵式遊戲與對詞語的理解程度強烈相關。

複誦對寶寶所發出的聲音。

你可以經常複誦寶寶所發出的聲音，可以模仿他一串聲音的最末一個聲音，或一個單音。例如，他說「ㄨ」，你說「ㄨㄨㄨ」。他說「ㄟ」，你說「ㄟㄟㄟㄟ」。（你發出的聲音故意比他長，有時候這樣做頗爲有趣。）這是輪流發言的最早形式，也是對話的重要前兆。這是最能讓寶寶集中注意力的事，因此在這個發展領域上很有幫助。他超愛你對他發出的聲音所表現出的熱情，也會因此受到鼓勵發出更多聲音。不久之後，他會再次向你發出這些聲音，你很快會發現你們正愉快地對話！

重複寶寶所發出的聲音也能增強他對自己發聲的知覺，因爲能讓他有機會一次只聽一或兩個聲音，而不是正常口語中一長串快速改變的聲音，這也能增強他理解對於不同嘴唇與舌頭動作所產生的聲音效果。此外，還能帶給寶寶一個訊息：聽聲音不僅有趣且有意義。

一般認爲，大人應該跟寶寶說「正常」的用語，其實不然。以兒語潛能開發的方式說話除了有趣，也有許多重要功能！有一點請注意：**你模仿寶寶的聲音對他說話，是爲了回應他，讓你們之間發展出聲音的對話，千萬不要以爲這個舉動的目的是爲了讓寶寶模仿你。**

你可以配合他現在感興趣的事，發出一些玩鬧的聲音，有很多不同的方式可以發出這些有趣的聲音，這些聲音可以是單音，如球滾動的ㄎㄡ，或者是跟孩子的互動活動相關的重複詞語，例如把他舉起時說：「飛起來，飛起來，你飛起來了。」或者用手指在他小肚子上搔癢，發出一些無意義但可愛的聲音如：「ㄨㄑㄧ、ㄎㄨㄑㄧ、ㄎㄨㄑㄧ、ㄎㄨ。」富韻律的例行活動語言如：「小寶寶，飛起來了（ㄌㄧㄠˇ）」，也屬於這類語言。經常重複這類聲音能大大增加樂趣！

蘇西與夏綠蒂在很多方面情況都很相似，她們都是第一胎，備受大家庭寵愛，並且無時無刻都能得到全然的關注。她們都超級惹人喜歡、聰明且機伶，只有一個小差別，就是母親對她們發出聲音的反應不同。

夏綠蒂的母親對她發出的所有聲音都興高采烈地回應，不但會模仿她的聲音，還把這麼做視爲互動對話的過程。於是夏綠蒂發出越來越多聲音回應媽媽，很明顯對自己和母親所發出的聲音感到很愉快。

相反的，蘇西的母親認爲自己的任務是對蘇西發出聲音，好讓她能模仿自己，於是主動發出聲音，然後明顯且焦躁地期待蘇西重複這些聲音。有趣的是，寶寶其實懂得很多溝通的事，她對於母親這種教導的反應是逐漸不再發出聲音。蘇西憂心如焚的母親在她十六個月大時來找我，我們請她進行兒語潛能開發，才不過幾週，蘇西發出的聲音已經追上同齡的寶寶，而且她和媽媽終於能開始享受許多樂趣！

★使用簡單的短句

用語調明顯的簡單短句跟寶寶講話，而且要慢慢講，詞句之間要暫停，這種講話方式能吸引並維持寶寶的注意力與警醒度，而且是寶寶這個年齡偏好的口語類型，寶寶較容易專注。對寶寶來說，「媽媽到了。她來了。媽媽到了！」比起「我覺得我有聽到媽媽的車從馬路那邊開過來了。她馬上就會到了！」要有趣多了。

盡量用簡短的句子。

這種**簡短而語調明顯的句子因爲帶有情感，所以對於建立親子間的感情非常重要**。這個時期稍晚時，這種短句還有一個極爲重要的功能：對於幫助寶寶建立詞語與意思的連結有極大作用。研究發現，即使這種短句出現在背景音中，四個月大的寶寶對它們的注意力，都勝過大人之間使用的語言。他們甚至對大人使用這類語言的影片有較強的注意力。

講話時放慢速度並語調明顯。

★跟寶寶玩語言遊戲

例行與重複的語言遊戲，以及輪流發言的遊戲，對於建立所有對話與社交互動的基礎都很大重要，而且樂趣無窮。這些遊戲可以幫助寶寶開始期待某些事件的發生、學得某種程度的控制力，並能獲得輪流發言的經驗。在這個階段早期，你是這種輪流遊戲唯一的發起人，但寶寶接近六個月的時候，他逐漸變成充分參與的夥伴。

你會發現他在兩段發聲的中間會停下來，好像正等待你的發言。例如，他可能會說：「ㄚ、ㄉㄧ、ㄅㄚㄅㄚ」，然後充滿期待地看著你等待回應。在這個階段早期，你可以開始跟他玩搔癢遊戲或動動肢體的遊戲。一開始，這些遊戲可能只是數數手指和腳趾的簡單活動，往後就會進步為較複雜的律動唸謠，如「城門城門雞蛋糕，三十六把刀」或「一角兩角三角形，四角五角六角半」這些唸謠在這個階段終於成爲主角。

稍後的階段，遊戲中也可融入軟玩具等其他物品，例如在泰迪熊臉上玩「眼睛、鼻子、下巴」等遊戲。跟寶寶玩遊戲時，請務必隨時保持生動的臉部表情，因爲研究發現，寶寶看生動的臉部表情時，發出的聲音會多出許多。

此時可以跟寶寶玩讓他有機會期待你下一個動作的遊戲，這是輪流發言最早的形式。例如，在這階段一開始的時候，你可以緩慢地以臉靠近他，給他時間期待你說出接下來的「躲貓～貓」。到了六個月時，他會喜歡跟你輪流拍手與跟他擊掌的遊戲。

跟寶寶說話時盡可能不斷重複。

在寶寶第五與第六個月的時候，請多對他唸唸律動歌謠，他會非常喜歡。請用強而有力的節奏來唸，並且經常重複一些相同的唸謠，寶寶會對它們越來越熟悉，也會出現期待效應。在接近這個階段尾聲的時候，他尤其會喜歡這種伴隨著動作的歌謠，如《划你的小船》（Row, row, row your boat）。在第五個月時，他對音調、韻律與重音模式將越來越敏感，這些模式往後將協助他解讀句子。

★跟隨寶寶的注意焦點

請開始警覺並跟隨寶寶的注意焦點，養成**寶寶看什麼，你就跟著看什麼的習慣**，與他一起轉移注意焦點，並隨之改變你們談話的主題。舉例來說，如果他看著你，你就跟他玩互動遊戲；如果他看某物品，你就把東西給他，告訴他該物品的名稱，或配合該物品發出合適的擬聲詞。

看寶寶在看什麼，然後跟他聊這件事。

在這個階段，你仍是多數遊戲活動的發起者，但此原則仍然適用：**如果寶寶似乎對某活動失去興趣，你即可結束該活動**。如果他看向某玩具，你應該有所警覺，把玩具拿過來給他，並把玩具融入遊戲中。

在稍後的階段中，這個原則對於協助寶寶建立詞語與意思的連結非常關鍵，也極有利於寶寶的注意力發展。寶寶此時無法同時看與聽，但在以下特定情況即能同時看與聽：

★沒有其他讓寶寶分心的事物。

★注意力焦點是寶寶選擇的。

★寶寶聽或看的是同一件事，如發出聲響的玩具，或某人對寶寶唱或講他正在注意的焦點時。

如何問寶寶問題

問寶寶問題的目的，是讓寶寶有回答的時間，而不是眞的在問他問題。例如：「要不要再做一次啊？」「誰是好聰明的小女生？」這些問題都很好。你有時候可能也會問：「這是什麼？」在這個階段，這同樣也不是一個眞正的問題，只是一個提示，是你意識到環境中有其他東西，可能引起寶寶的興趣，只要不是眞的要他回答這是什麼，只是爲了引起他的興趣，這種問題同樣也很好。

跟寶寶獨處半小時以外的時間，你可以做什麼？

當你正在忙，而寶寶在身邊時，請持續跟寶寶描述周圍正發生什麼事，或你在想什麼。你可能會說：「我們現在應該去店裡買東西嗎？我看不要好了，看起來好像要下大雨了。我們明天再去吧。」寶寶當然聽不懂你在說什麼，但這麼做能讓他熟悉語言的韻律與音調。

階段3

六至九個月

模仿寶寶的聲音，但不要求他模仿你

寶寶的生活規律已經穩固，你和寶寶的生活都有了較舒服且較能預測的生活模式。寶寶會清楚讓你知道——他對你露出燦爛的笑容、咯咯地笑、興奮尖叫、開心地扭動全身，表達他有多麼喜歡你的陪伴。他對熟悉與不熟悉的人或情境的反應差異日益增加，使得他因爲安全感之故更加依賴你。

寶寶在這個階段非常容易自得其樂，他很開心自己有能力伸手去拿東西和抓握物品，也已經很熟悉自己的日常規律，並開始想自己做一些小事，如抓著餅乾或用手環住杯子。所有的東西現在對他來說都非常迷人，即使是很簡單的東西，如硬紙板捲筒就能讓他開心好一陣子。如果你希望他鬆開某物或改變活動，要引開他的注意力也很容易，他可能會暫時把身體往後表示抗拒，但每件事對他而言都十分有趣，他很快就會再投入新的物品或活動。

此外，寶寶可能在向前或倒退爬行上有些許進展，由於他還爬不遠，因此這階段大人還可以稍微把目光從他身上移開數秒。

寶寶的第七個月

溝通發展

寶寶在這個時期，大腦的語言中心仍有新的細胞連結發生，因此，環境的影響也會是寶寶現階段發展的關鍵因素。很多研究顯示，在家裡養育的孩子比起托兒所帶大的孩子，其發展要好得多。

寶寶一出生對語言的強烈興趣，使他現在已能認得一些熟悉物品與人的名稱，他了解名字就代表他自己，聽見自己的名字時，會發出聲音回應，就像接電話一樣。當他聽到有人提到不在場的家人名字時，甚至會抬頭到處找。寶寶以動作展現他了解自己常聽見的短句是什麼意思，例如聽見「再見」時會揮揮手。（這有點像你去一個語言不通的國家，待了一陣子之後，突然發現自己聽懂了一些字句一樣。）

然而，只有在熟悉的情境中出現這些字句時，寶寶才能做到這件事，如爸爸或媽媽例行性地出門工作時。寶寶目前還不能把這種能力概化至其他情境，這可能會讓一些父母疑惑：爲什麼寶寶離開不曾拜訪過的友人家時，就不揮手表示再見了？

寶寶對於口語情感及語調的理解，早於對字句的理解，他很清楚媽媽是開心還是不開心。他現在很喜歡聽音樂和唱歌，會用全身傳達自己的喜悅。他現階段正發展廣泛的溝通行爲，包含手勢、用力拉扯、拉、推與臉部表情，也善於溝通廣泛的訊息，包含讓人注意到自己、其他人或物品。他已是有能力的溝通者，會表達問候、拒絕、要求、評論與確認，而且能以各種方式極爲有效地控制環境中的人。

最早從六個月開始，寶寶已理解到能藉由發出聲音讓周遭的事情如願發生。他發現發出噪音可以把媽媽叫來，因此開始有目的地「叫喚」她。他也會有意地發出聲音與同齡的寶寶溝通，他會帶著目的性對他們咿啊講話，而且熱切地以聲音加入「對話」。到了七個月的時候，他玩遊戲時大部分會配合發出聲音，也開始用喊叫與其他聲音來控制環境中的其他人。

寶寶逐漸建立起更多唇舌動作與所發出聲音的連結。例如，他理解到緊閉雙唇後打開可發出「ㄆㄆㄆ」的聲音。寶寶會發出越來越多母語中的聲音，或周圍所聽到的聲音，不屬於該語言的聲音則慢慢減少，同時，寶寶辨別非周遭語言語音的能力大幅減低，但他可以非常細微地辨識自己語言的語音。

寶寶似乎對自己發出的聲音更具意識，且更頻繁地重複發出其中少數聲音。他喜歡重複某些聲音，喜歡說出更多且更長的一串聲音，如ㄇㄚ、ㄇㄚ、ㄇㄚ或ㄅㄚ、ㄅㄚ、ㄅㄚ。有時也會說出兩個音節，而不只是單一音節，而且可能開始重複兩個以上不同的聲音，如ㄅㄟ、ㄉㄟ、ㄅㄟ、ㄉㄟ、ㄅㄟ、ㄉㄟ。他咿啊學語的韻律與音調越來越像語言，且已經出現試圖稱呼物品的初步嘗試，他會以同一種聲音稱呼某物。每個寶寶都會發出自己特殊的聲音，這種聲音可能跟真的詞語有部分相關或毫不相干，但這代表寶寶已認知特定聲音可用來指稱特定物品或事件。

這個階段的寶寶已發展出一些策略來探索，並與環境及其中的人事物互動。隨著寶寶意識的增長，社交互動的主題範圍變廣許多，這讓寶寶與母親得以開始發展出對事物的共享觀點。例如，他可能有特定玩具的共享遊戲經驗，也可能將特定遊戲與人連結，例如，他可能知道哥哥喜

歡玩躲起來探頭的遊戲。共享式注意力的增加，將促成寶寶連接詞語與意思的關鍵能力。

整體發展

現在如果把寶寶直立抱著，他的重心已經可以放在腳部。寶寶坐著時，頭已經很穩，背部挺直。他可以從仰躺翻身變成俯臥，可以調整自己的姿勢，以清楚看見某特定物品。寶寶抓握與操縱物品的能力正飛速發展，會試圖去抓稍微超出伸手可及範圍的物品，也可以把物品從一手換到另一手。他會果斷地以手指圍住某物，把手舉向某玩具，用手模仿在桌上敲打，或把兩個物品碰撞在一起。

寶寶到了七個月大時，表現出了解物品受阻時的一些屬性，例如，他知道軟物品會被旋轉的隔板壓扁，而硬的物品則不會。

艾莉絲是六個月大的寶寶。她媽媽非常擔心艾莉絲對聲音或語言似乎沒有任何興趣，僅會發出幾個類似母音的模糊聲音。但艾莉絲在許多方面都明顯發展得很好，尤其是生理上，她可以坐得很穩，輕鬆地翻身，能操縱並研究任何拿得到的物品。她可以快速翻身並嫻熟地確認方向。行動力與操控力這兩個領域顯然已占據她所有的注意力。我們對她進行兒語潛能開發計畫後三個月內，她的溝通技巧已經完全追上其他發展領域，現在各方面都發展超前。

不同領域的發展，在這個時期無可避免會互相影響，因此爬得早的寶寶可能有一陣子對溝通不太感興趣，因爲他被剛發現的行動力深深吸引。同理，剛學會不用他人協助就能站立的寶寶，可能也沒精神再關注其他事情。了解這件事很重要，如果寶寶在某領域的發展有一陣子似乎慢了下來，你就不必太過憂慮。

注意力

寶寶在這個月，會開始萌生並運用超過一種感官的統合能力，但寶寶的注意力在這個時期大致上仍爲單一管道，如果你遞給寶寶一個有趣的物品，他在完成初步的探索前，無法聽你說話或看你。寶寶現在有較長的時間專注在自己選的物品或活動上，但仍非常容易分心。寶寶專注時間的延長，對其短期與長期記憶都非常重要，事實上，寶寶未來的所有學習，都仰賴維持注意力的能力。

聽力

聽力是成功的口語與語言必備的兩大技能開始發展的關鍵階段，此兩大技能爲：

- ★辨別與區分言談中所有不同的聲音。
- ★了解詞語的意義。

研究發現，僅七個月大的寶寶分辨語音的能力已有相當大的差異，聽覺環境的不同，很可能是造成這些驚人差異的主要原因。太少或太多聲音刺激，都可能影響此過程。因聽力問題，而導致幼兒生活甚少聽見聲音的寶寶，未來在分辨聲音、理解聲音的意義，還有在噪音背景下的傾

聽，也會經常遇到相當大的困難。出生後需較長時間住保溫箱的寶寶，因為保溫箱的噪音程度很高，往後也常出現類似障礙。（但務必了解，這些問題都可以靠兒語潛能開發來克服。）

寶寶在這個月仍持續建立聲音與其意義的連結，雖然他仍無法直接找出聲音來源，亦即立刻轉頭去看聲音來源，他必須四處看，直到找到聲音來源為止，不過他現在能較直接地找到它們，也可以找到來自頭部上方的聲音。

寶寶同時看與聽的能力仍相當脆弱，若要寶寶同時做到看與聽，下列幾點條件仍是必要的：

★注意焦點是寶寶自己所選擇的。
★寶寶未過度專注於看或聽。
★寶寶看和聽的是同一個物品。
★環境中沒有其他干擾。

寶寶的第八個月

溝通發展

在這個月起，寶寶不只會找視線範圍外的說話者，也開始會聽整個對話。他會轉頭去看一位說話者，然後轉頭去看另一位，再回頭看第一個說話者。他到處尋找說話者的方式，就像觀看網球比賽的觀眾一樣。

當寶寶聽到物品名稱時，會轉頭去看該物品，這時期寶寶通常已能辨認所有親近家人的名字，聽到家人的名字時會專注傾聽。

到了第八個月時，寶寶常以適合的手勢來回應一些熟悉的簡單指令，例如聽到「媽媽抱抱」就把雙手舉起，或聽見「再見」就揮手。寶寶的理解狀態仍需熟悉的情況輔助，他們在這個階段已能極嫻熟地藉由手勢、臉部表情與語調模式，來理解說話者的心情狀態。

八個月的寶寶發出的聲音越來越符合周遭的語言，然而，他們辨別非該語言聲音細微差異的能力卻顯著下降。寶寶這時期的咿啊學語，聽起來有點像外語的短句子，有豐富的韻律、語調與聲調模式。研究指出，口語並非直接由寶寶咿啊學語發展而來，但這種學語卻表示寶寶的神經系統已做好口語的準備。這個階段的寶寶偶爾會隨著音樂唱歌，但還沒有任何眞正的歌詞。

寶寶仍非常仰賴非語音的溝通方式，他會打開又闔上手表示請求，把大人推開或搖頭代表拒絕，並且開始以手勢配合聲音，例如看到媽媽出現時會揮動手臂並發出咯咯笑聲。

整體發展

這個月齡的寶寶通常可以保持坐姿數分鐘，他們坐著時可轉動頭部與身體，這讓他們更容易看向四周且探索環境。當寶寶被抱著站立時，他們已能跨出步伐，把一腳放在另一腳前面。

寶寶伸手取物的技巧變得更好了，他們會堅持去拿某玩具，不斷調整姿勢好讓自己做到這件事。這是他們第一次可以同時操縱兩個物品，如把兩塊積木放在一起比較。他們也會用繩子把玩具拉向自己、拿開蓋住物品的覆蓋物，或拉扯布來取得放在布上的玩具。

注意力

寶寶到了八個月大的時候，已經可以輕易地追蹤大人的視線，但他只能轉頭，還無法只動眼睛，這能使大人與寶寶之間共享注意力的時間增長，並協助寶寶理解自己的環境，這對智力發展至關緊要。大人知道此時什麼能引起寶寶興趣，因此可以給他相關資訊，幫助寶寶了解他人感覺狀態的原因，增加跟他人產生關係與互動的能力，最重要的是，能讓他連結詞語與意思。

寶寶的專注時間仍非常短暫，主要仍是單一管道。意思是，寶寶一次僅能透過一種感官來注意資訊，即使我們先前曾提過，寶寶在極有限的情況下同時看與聽的能力已慢慢萌生。

聽力

如果一切順利，寶寶到了這個月齡，會出現一些極爲重要的聽力發展。首先，寶寶首度能直接找到聲音來源，這與寶寶能單獨坐著的能力時間吻合，而且，必須當連接耳朵與大腦的神經發展已完整才可能發生。寶寶現在可以直接找到與耳朵同高，且在幾英呎內的聲音來源。找到聲音來源的能力，需仰賴寶寶對聲音抵達雙耳時間與音量大小的判斷，且需要雙耳聽力皆正常。

接著，寶寶開始發展掃描聽覺環境，並專注於所選聲音的重要能力。在這個階段僅能非常緩慢地掃描，而且很容易分心，但能大大幫助寶寶連結聲音與聲音來源。這些連結不僅對語言發展很重要，對於寶寶理解世界更爲重要。

寶寶現在能更清楚地聽到自己發出的聲音，也會比較自己發出的聲音與周圍聽到的聲音，因此讓他發出與自己母語完全符合的聲音。

寶寶現在對聲音興趣濃厚，而且在玩發出聲響的玩具、聽擬聲詞、唸謠與聽歌曲時，都能從中得到極大樂趣。

寶寶的第九個月

寶寶的理解力在這個月明顯增長。他可能了解多達二十個人與物的名稱，也能適當回應更多的小短句如「我們走」「來爸爸這裡」等，雖然他僅能在熟悉的情境中才能聽懂。寶寶現在較確實了解「不行」的意思，聽到這句話時，通常會停下手邊在做的事，執行跟某例行活動有關的動作，例如聽到《划你的小船》這首歌時身體會前後搖擺，也喜歡音樂與歌唱。

寶寶首度把熟悉物品的圖片與物品連結起來。他喜歡大人短暫地拿這些圖片給他看，這是寶寶踏出閱讀之路的第一步。

寶寶現在的溝通行爲範圍很廣。他會以手指物，會運用一些慣常的手勢，例如，搖頭代表不要，揮手代表打招呼。他也會以用力扯、推、拉，及各種臉部表情來溝通。整體來說，寶寶現在是非常能幹的溝通者，可以給予資訊、打招呼、抗議、認可與吸引別人注意。他現在能熟稔地控制環境中的人，並開始理解他的行爲與大人反應的關聯性，也懂得賣弄一些動作。

寶寶牙牙學語所發出的聲音範圍持續增加，而且充滿了節奏與語調，有時候我們很難相信這不是眞的語言，因爲聽起來實在越來越像眞的句子，這個階段的寶寶就以下兩方面來說已非常趨近使用現實的語言。

★寶寶現在會以自己發明的詞語來代表某物，而非上個月的聲音模式。看到該物出現時，他會露出高興的樣子。

★寶寶會結合手勢、聲音與凝視。例如，他會熱切地看著同時指著某物，並伴隨發出響亮的「呃呃」聲，清楚表達希望有人把該物遞給他。

有人對寶寶講話時，他喜歡「回話」。他也開始成為一位模仿家，常會模仿他人發出的聲音、語調與音節數，也會模仿臉部表情。

寶寶先前的遊戲活動已可讓他形成物品功能的概念，例如杯子是用來喝東西的。他也開始理解類別，例如玻璃杯、奶瓶和茶杯都是用來喝東西的。這些類別最初很廣泛，後來會形成越來越細的子類別。概念和類別是語言出現前的必要準備，舉例來說，我們在了解貓和狗是兩種不同的動物前，是無法談論牠們的。

寶寶九個月大的時候，已經有了一個重大的領悟：聲音不僅會讓自己想要的事情神奇地發生，特定的聲音更有效果。事實上，寶寶正開始初步體會語言的驚人力量。雖然他仍無法任意使用任何真正的詞語，但他已開始發明自己的一些詞語：一些意義明確的聲音排序，但每個嬰兒發明的都不同。舉例來說，我朋友九個月大的寶寶每次想喝東西時，都會堅定而持續地說：「嗚夫」。當她看到飲料隨後出現時，會露出著迷的樣子。

寶寶在這個階段快結束時，開始發展另一個重要技能：人與物的互動整合。他現在可以運用某人來取得某物，或以該物做某事。例如，指著玩具汽車、發出聲音，並看向母親，母親就會把玩具上發條然後拿給他。他也可以運用物品來博取注意力。例如，將玩具用力在椅子上敲擊。

寶寶九個月大時，說的仍是自己的語言——有口語的節奏和語調的一串聲音——從遠處聽來可能很像眞的語言，事實上，寶寶的話裡還沒有眞的詞語，卻是表達感覺和情緒的絕妙工具！

整體發展

很多寶寶在這個月最顯著的特徵是發展出翻身以外，在房內移動的能力，這種能力可大幅增廣其視野。

寶寶現在會尋找掉落的玩具，這點可透露出他對環境逐步增強的意識，以及寶寶並非看不見某物，就忘了它的存在。他也喜歡模仿簡單的動作，如搖響鈴鐺，這代表寶寶會仔細觀察並學習他人的動作。

注意力

寶寶這個月藉由共享式注意力的發展，進入了快速連結詞語與意思的階段。這種共享式注意力的建立受到寶寶萌生新能力——亦即視覺追蹤某焦點——的強化。九個月大時，寶寶可用視覺追蹤離他很近或在他正前方的物品，此時他還不能追蹤需要轉頭去看的焦點。九個月大的寶寶注意力範圍增大了，可以持續保持興趣地觀看距離三公尺左右的人與移動的物品。

雖然寶寶現在正處於連結詞語與意思的階段，但他的注意力仍屬單面向，因此仍無法建立詞語與正在做的事之間的關係。他可以做某事，也可以聽，但目前仍無法同時進行。寶寶容易分心仍是一大問題，這個問題仍會持續好一段時間。寶寶此時的重大發展是，可把注意力放在大人說

出名稱的圖片上，注意力最多可達一分鐘，這是大人與孩子共享書籍的第一步，但這個階段的寶寶注意力通常無法超過一分鐘。

聽力

寶寶這個月掃描聽覺環境、專注於想聽的事物，同時抑制對其他聲音產生反應的能力，在環境條件許可的情況下逐漸增強。寶寶掃描的時間變短，對所選聲音的注意力則增長。寶寶會注意並比較現在聽到與先前聽過的聲音，因此對聲音的理解仍系統化地持續增加，例如與用餐時間相關的聲音。

這樣和寶寶玩遊戲

隨著寶寶對世界的理解，以及認識環境中人與物的興趣增強，越來越多不同的物品和情境成爲遊戲的一部分。有一點很重要：寶寶和幼兒可輕易轉換於各遊戲階段。例如，疲憊的兩歲孩子，可能希望大人用他六個月大時喜歡的方式跟他玩：坐在媽媽腿上，媽媽唸童謠給他聽。

寶寶仍舊喜歡互動遊戲及把玩物品。有時候他太專注於後者，似乎不需要其他人。

第七個月的遊戲

在這個時期，寶寶最喜歡語言與動作上有高度預測性的互動遊戲，這樣他就能預期接下來會發生什麼事。寶寶了解遊戲中與夥伴扮演的兩個角色——誰該做些什麼以及何時輪到自己，這意味著他喜歡重複玩相同的小童謠與遊戲。**這種重複會讓他感覺到世界是安全且可以理解的，寶寶在這個階段並不希望任何變化**。

很簡單的「躲貓貓」等歌謠和拍手遊戲，完美符合寶寶此時的需求。遊戲中的聲音已完全儀式化，所以寶寶可安心預期遊戲的發展。遊戲中的夥伴角色簡單明瞭，僅需少量的話語與動作，但可提供讓遊戲雙方極享受的社交互動。**遊戲中的輪流互換，也為寶寶往後的社交技能打下基礎**。

配合身體律動的童韻、童謠與無意義的語言，例如大人一面把寶寶抱在腿上搖動，一面發出滑稽的聲音，仍是絕佳的活動。這個月齡的寶寶仍然喜歡遊戲中有很多肢體接觸，也喜歡以這種方式跟肢體活動連結的聲音，這些活動對於寶寶維持與他人的共享式注意力有極大的幫助。

寶寶這個時期很喜歡大人模仿他的動作，覺得這樣非常有趣，而且更加意識到自己的動作及其動作對他人的影響，並且能幫助他加強連結透過各感官所接收到的資訊。

寶寶現在喜歡研究許多物品與材質。由於他的注意力時間仍非常短，而且基本上會由某物品快速轉移到另一項物品，所以大人需要為他準備好各式各樣的東西。他對形狀、顏色、質地與物品發出的聲音，或者能用物品製造的聲音，都持續感興趣。他會開始記得這些聲音，也會想再次製造這些聲音。

研究證據指出，父母做好跟寶寶玩這些遊戲的準備，並陪寶寶一起玩，相較於多數時間都是自己在玩一些器材的寶寶，在遊戲中會展現出較大的變化與多樣性。

第八個月的遊戲

寶寶這個月仍然喜歡「躲貓貓」等互動遊戲，而且喜歡大量重複並非常享受跟大人輪流玩這些遊戲，尤其是當他非常熟悉這些遊戲後，遊戲的一些小變化，如說「躲貓貓」時延後說出最後一個「貓」字，可讓寶寶從預期中得到更大的快樂。他的注意力會牢牢專注在上面，而且能從中得到極大的樂趣。他從這些遊戲中接收到一個訊息：聽聲音很有意義也很有趣。他也會自己開始進行一些小遊戲，例如把臉藏在紙後面。這個階段的寶寶喜歡驚喜，如彈跳出來的玩具所製造的驚喜。

在這個階段，大人與寶寶互相模仿，是遊戲的一部分。他們模仿彼此的臉部表情與動作，這種模仿隨後將導向施與受的合作遊戲，如寶寶提供食物給他人。

隨著寶寶對物品的興趣漸濃，物品已更常成為遊戲的一部分。當寶寶看著某物，父母追隨他的視線，然後把東西遞給他。接著他們會把物品帶進遊戲中：例如大人把球滾向寶寶，或把小汽車推向他，讓他用雙腿夾住。寶寶興致盎然地探索並研究他能取得的物品：放進嘴裡、搖晃、敲擊、觀看、扔擲、觸碰、啃咬等。

第九個月的遊戲

寶寶藉由與人遊戲可獲得極大的樂趣。簡單的輪流遊戲如「躲貓貓」等，仍非常受到寶寶喜愛。寶寶現在不但會主動開始遊戲，還會開始「對話」，他對大人發出聲音，然後以臉部表情與身體律動清楚表示期待對方的回應。寶寶也開始創造一些新奇的遊戲，如拿出玩具然後拿走來逗人，或是誇張地抗議。最大的改變是寶寶希望現在遊戲有所變化，如互相滾球的遊戲中，父母改把球滾給泰迪熊。很重要的一點是，寶寶開始連結遊戲與遊戲中的話語，例如知道自己聽到「拍拍手」後緊接著是什麼遊戲。他的記憶開始運作，這點會影響遊戲方式。他記得遊戲的環節，會尋找他見過藏起來的玩具，也會尋找遺失的玩具。他對於視線範圍外物品的理解，仍處於非常初期的階段，而且他仍然認爲如果自己閉上眼睛，別人就看不見了。

模仿逐漸成爲遊戲的重要部分，寶寶藉由複製這些行爲，想更了解不同表情與動作的意義。寶寶在此時也首度能充分投入與大人或和玩具遊戲，例如以球、玩具汽車或其他物品輪流進行遊戲。

寶寶玩具箱

寶寶進行探索遊戲時，需要廣泛不同的物品供他研究，這些物品不一定是玩具。箱子、紙袋，及任何可安全啃咬的物品，在這個階段都是很好的遊戲器材。寶寶對不同的形狀、輪廓、顏色和質地很感興趣，所以請安排各式各樣不同的物品讓寶寶探索。適合的玩具包括：

★推行玩具
★彈起式玩具
★滾動搖鈴

★遊戲墊
★旋轉玩具
★寶寶鏡子
★寶寶遊戲檯
★積木和箱子
★塑膠球
★紙：此階段的寶寶很喜歡玩紙。紙可以弄皺或拿起來揮動，也可以當做躲貓貓遊戲的一部分。

讓寶寶享受傾聽前景音：

★發出聲響的玩具是不錯的選擇，如搖鈴與簡單的樂器，或家庭用品如鍋蓋與湯匙等。

★你可自製效果不錯的聲響玩具，如在塑膠瓶中加入米粒或綠豆等不同的小東西。

寶寶對於探索物品的熱情絲毫未減，動作技能的增進使他可以把探索範圍擴展到鉗握住物品、把東西從容器中取出放入，或自發性地放開物品。這些能力將形成寶寶反覆要求大人把物品歸回給他，好讓他再次丟落物品的有趣遊戲。寶寶終於首度把兩種物品連結在一起，如把杯子放在碟子上，或把湯匙放進杯中。

他仍然喜歡發出聲響的玩具。如果有夠多的各種物品維持寶寶的興趣，他這時已能單獨玩耍達二十分鐘，不過通常會堅持在靠近大人處玩耍。這種獨自遊戲的時間非常重要：寶寶需要不受干擾、可完全專注於探索的時間。他的注意力仍是單面向的。

寶寶現在開始對差不多年紀的寶寶產生興趣，他會試圖跟他們互動，興高采烈地向他們揮舞玩具。

寶寶小書架

寶寶的玩具箱現在可加入厚紙板或布書，但這類書籍必須適於啃咬與敲擊。如果寶寶喜歡，你可以偶爾讓他坐在你的腿上一起閱讀，這麼做並不嫌太早。

電視與影片

現階段請忍住別讓寶寶看電視。**寶寶在這個重要階段仍有許多事物待學習，電視和影片目前只會阻礙他的學習。**

寶貝觀察紀錄

寶寶九個月大時的表現：

★大吼大叫來吸引你的注意力。

★模仿你發出的聲音以及你聲音中的語調。

★理解「不可以」和「再見」。
★吐出一長串重複的聲音。
★你說「不可以」的時候，他通常會停下來。
★理解一些熟悉的物品與人的名字。

媽咪要注意

寶寶滿九個月大時，如果有以下情形，請尋求專業意見：
★寶寶似乎不認得自己或親近家人的名字。
★寶寶很少對人發出聲音。
★寶寶不會發出一串聲音如「ㄇㄚㄇㄚㄇㄚㄇㄚ」或「ㄅㄚㄅㄚㄅㄚㄅㄚ」。
★寶寶不喜歡躲貓貓等互動遊戲。
★寶寶對發出聲音的玩具絲毫不感興趣。

兒語潛能開發這樣做

現階段你和寶寶每天固定花半小時在一起、全然專注在彼此身上是非常重要的一件事，如此一來，寶寶才能在社交互動發展上，跨出小而必要的步伐。**讓寶寶安心知道他將享有你全然的專注，會讓寶寶因此而感覺平靜、信任與信賴**。你們可以一起發展例行儀式與對世界的共享觀點，這對寶寶往後理解與運用語言非常重要。

如果你在休育嬰假，正打算回到工作崗位上也不必擔心。這段一天半小時的時間，仍可確保寶寶繼續獲得兒語潛能開發的益處，所以請務必繼續進行，希望你好好享受並持續下去！

一對一遊戲時間，環境一定要安靜

寶寶在這個時期出現極爲重要的聽力與注意力發展，他開始建構聽覺領域：開始掃描周邊聽到的聲音，專注於自己想聽的聲音，然後維持較長的專注時間，因此建立起各種聲音與來源連結的資料庫。不過，寶寶只能在沒有背景噪音的環境下做到這點。請記住：**相較於大人，寶寶需要差異更大的前景音與背景音，才能聽清楚前者。**

寶寶需要差異較大的前景音與背景音。

可能有人在這個時期的某時間點，請你帶寶寶去做聽力檢測。接受這個檢測很重要，即使是鼻黏膜炎引發的輕微聽損，都可能影響寶寶聽力發展。人類是藉由兩隻耳朵聽到聲音的方式，來判定聲音的出處，因此如果兩隻耳朵的聽力不同，明顯會有所影響。更重要的是，因鼻黏膜炎所造成的輕微聽損，每天狀況常有變化，就這個階段的寶寶來說，可能導致寶寶聽到的訊息混淆與不可靠，後果非常嚴重。多數受到影響的寶寶，只能改而專注於觀看與觸摸，這對他們的聽力發展有毀滅性的影響。

寶寶同時看與聽的能力只能在不受干擾的情況下發展。寶寶舌頭與嘴唇動作及所產生的聲

音，以及他自己的聲音與周遭所聽到話語的連結，都在飛快發展，這對語音系統的建立是非常必要的過程。同樣，我們如果希望這些能力能照常發展，安靜的環境是必要的。

這個階段的寶寶對於探索許多不同的物品與材料，並把它們融入遊戲中非常感興趣。由於寶寶的注意力時間仍然很短暫，需要很多不同的物品，好讓他們可任意從某物品轉移到另一項物品上。正如我們所知的，兒語潛能開發的重要原則是，**如果寶寶或幼兒的專注力已不在某事物上，絕不要試圖強迫他專注。**

你和寶寶必須距離靠近，你們的臉要在同一個高度，讓伸手可及的範圍內有很多的玩具和有趣的物品。寶寶自由移動有助於建立聲音與來源的連結，但如果寶寶已可自由移動，請確保他在房內行動的安全。（有些人覺得寶寶應該從一開始就學習什麼東西不能觸碰，但我相信寶寶這個時期還有更多重要的事需要學習，而且寶寶到了你可以解釋原因的年齡時，會很容易理解特定的物品不可以玩。在此階段，盡量把你不希望寶寶玩的物品拿走，對你和寶寶來說都會輕鬆許多。）

遊戲時間時保持房間安靜。

如何跟寶寶說話

你和寶寶現在正大量以聲音「對話」，你必須把這個遊戲視爲你們兩個在對話，而不是你主導他說話。輪到他說話時請給他充足的時間，他會以眼神或動作清楚告訴你，什麼時候輪到你說話了。

寶寶現在有探索與研究物品的強烈興趣，當他正投入其中，在你說話前請給他幾分鐘時間，他同樣會抬頭看你，讓你知道何時該開口，並邀請你說話。他有時候會非常感興趣地傾聽自己的發聲，此時保持幾分鐘的安靜很重要。

★跟寶寶玩重複的語言遊戲與童謠

寶寶仍非常喜歡重複性高的簡單互動語言遊戲，並可從中得到很大的收穫。

寶寶六個月時，每次用相同的語言和動作，跟他玩「拍拍手」與「躲貓貓」，再配上生動的臉部表情，都可以從寶寶的臉部表情看出他有多麼喜歡這類遊戲，你與寶寶已可共享對某活動的注意力。因爲寶寶的注意力時間不長，短童謠最適合這個階段的寶寶，可以常常對寶寶唱或唸一些重複的童謠與童韻，或者自己編。把寶寶放在腿上搖晃，一面發出滑稽的聲音，然後一面讓寶寶在你腿上跳動，或來回晃動寶寶時發出「嗚嗚嗚」的聲音，他會很仔細聽你說話，聽到你聲音時也會明顯表現出喜悅。

你可模仿寶寶的律動和動作，作爲遊戲的一部分，如模仿他的笑容和揮手，並給他機會模仿你。你會看到寶寶忙於釐清這些動作的意思，並比較他和你的動作。

寶寶進入第七個月時，可爲你們之間的輪流遊戲加入一些小變化，例如說「躲貓貓」的最後一個「貓」時先暫停一下，或在「拍拍手」遊戲的擊掌前暫停，你會從他的身體語言看出，他正預測接下來會發生什麼事。彈出式玩具會給寶寶同樣美好的期待感。

持續跟寶寶唸童謠，寶寶的注意力時間會逐漸增長，甚至從中得到更大的樂趣。理解童謠是

閱讀能力很重要的指標，請記得一定要用相同的話語來連結動作，寶寶會開始連結話語和遊戲，你說出遊戲名稱時他就興奮期待。例如，你說：「我們來玩划、划、划小船」，才說出第一個「划」時，他就開始前後搖動。

寶寶進入第九個月時，會主動開始玩這些遊戲，你會熱情地回應他，並將遊戲稍作變化，例如除了你和他的手之外，也拍泰迪熊的手，或者躲在一條毯子後面玩躲貓貓。

★模仿寶寶的聲音說給他聽

持續模仿寶寶的聲音給他聽是很重要的事，你會發現他有多熱切地看著你，並有多麼喜悅。你也會發現他發出同樣或其他聲音回應你，使你成爲這些愉快對話的參與者。這種對話其實與許多大人間的對話規則相符，例如輪流發聲、傾聽對方說話、找到說話的時機、享受雙方的互動。你越這麼做，他發出的聲音越多，也越來越有回應，如此一來，他將得到互相傾聽是很有趣的重要訊息。

模仿寶寶的聲音說給他聽。

模仿寶寶的聲音給他聽，也可以讓寶寶聽到個別的聲音，而不是一整串包含數百個聲音的語言，這麼做可有效協助寶寶建立起嘴唇、舌頭的動作，與所發出聲音之間的重要連結，以及他發出的聲音與周遭所聽到聲音之間的連結，寶寶會試著發出不同聲音，有目的地動自己的嘴唇與舌頭，並感興趣地傾聽結果。

跟寶寶「對話」時，要給他充足的回應時間。

在這個時期之初，寶寶開始發出一連串重複的聲音如「ㄅㄚㄅㄚㄅㄚ」或「ㄇㄚㄇㄚㄇㄚ」時，重複模仿這些聲音給他聽。等他後來發出混合的聲音如「ㄅㄚㄉㄧㄍㄨ」時，盡可能模仿得像一些。寶寶也很喜歡你模仿他的尖叫和驚嘆。

★幫寶寶說出他的意思

你現在不僅要模仿寶寶的聲音給他聽，更要教寶寶利用臉部表情或肢體語言來表達的用語。例如，寶寶哭了而你不確定原因的時候，你可以說：「喔親愛的，你很難過。強尼很難過。」當他有一些手勢動作時你可以回應：「你想要抱抱嗎?要抱抱嗎？抱起來囉！」而當寶寶九個月左右，發現放開物品的新技能並重複這麼做時，你可以說：「不見了！」

教寶寶與他動作相呼應的話語。

幫寶寶說出他的意思，這種語言輸入有利於寶寶理解語言。

★持續對寶寶發出大量配合活動的擬聲詞

水從水龍頭流出的「嘩嘩嘩」或水流走的「嘩啦啦」等聲音，這些聲音帶有一個重要訊息，就是聽聲音很有趣，這些聲音可以協助寶寶注意所有不同的語音，因爲他可以分別聽到這些聲

音。這些聲音也可以協助寶寶連結聲音與來源，對於吸引與維持寶寶的注意力很有幫助。有趣的擬聲詞包括推行小汽車時發出的「嘟嘟」聲，飛機飛過的「轟轟」聲，以及掉了某物的「喔喔」驚嘆詞等。你甚至會發現寶寶在這個階段結束之前，已開始模仿你發出這些聲音。

不要要求寶寶模仿聲音或話語。

不管在什麼情況下，絕不要以任何方式要求寶寶說出或模仿聲音或話語，這麼做只會阻礙他的發展。正常的溝通情況下，我們並不會要求對方說出或模仿話語及聲音，寶寶也了解這一點。我看過許多父母，雖然以最和緩溫柔的方式鼓勵孩子說話，卻反而導致他們閉口不語的情形。

哈利是一個討人喜歡且非常聰明的三歲孩子，他理解語言的能力極佳，且頻繁、有效地以各種語言以外的方式溝通。他用手指物、模仿動作、運用一系列複雜的手勢表達，就是不開口說話。原來是他的祖母在哈利一歲大時搬到家裡住，她認爲是時候教哈利講話了，便不斷煩擾哈利：「說……說……說……」導致哈利不願意開口說話。幫孩子卸下這種壓力，並看到他們幾乎立即而不可思議的快速語言發展，一直是我們語言治療時最有收穫的一部分。

★使用簡單的短句

不要單獨使用詞語，這不是語言正常的使用方式，而且比短句和句子更難聽懂。如果我們對寶寶說：「我們要去公園了，所以把靴子和外套穿上。」寶寶怎麼會知道這堆詞語當中，哪一個指的是我們穿在腳上的東西呢？相反的，如果我們是說：「這是你的鞋子。強尼的鞋子。穿上鞋。穿上了。」寶寶會比較容易理解「鞋子」是什麼意思。

保持句子的簡短，中間要停頓。

句子的語調需要有高低起伏，而且要緩慢，每一句之間要停頓，這麼做可吸引並維持寶寶的注意力，而且給他時間領會每個詞語。

除了那段特別的遊戲時間外，你可以跟以前一樣，以「連續實況報導」的方式跟寶寶說自己正在做什麼事，保持彼此的接觸，並讓他體驗語言的樣貌。

★大量使用名稱

由於寶寶現在正快速連結人、物及其名稱，因此大量帶入名稱對寶寶幫助很大，不要只使用代名詞（如他、他們）。例如，請對寶寶說：「我們把泰迪熊放在椅子上」，而不是「我們把它放在那裡」。寶寶經常聽到的人與物是他最早也是最容易理解的名稱，所以請記得常常對寶寶說家庭成員與他最喜歡玩具的名稱。

常對寶寶說家庭成員和他最喜歡的玩具名稱。

★追隨寶寶的注意焦點

如果寶寶在遊戲時間看著某玩具，你可用短句把玩具名稱說出來，如「這是球」。如果他對

該玩具仍有興趣，請把球加入遊戲中。例如，把球輕輕滾向他讓他接住。如果他已失去興趣，轉而看向其他物品，請說出該物品的名稱給他聽，例如「那是泰迪熊」。跟隨寶寶的注意焦點，是協助其注意力發展最強而有力的方法。**不管在哪個階段，試圖強迫寶寶或幼兒更長時間地專注於某物，只會讓他的注意力片段化**，並阻礙他不同階段的進展。

跟寶寶專注在相同的事物上。

如何問寶寶問題

此時你可能會發現自己問問題的方式通常是描述寶寶的活動，例如：「喔，你把毯子踢掉了嗎？」或是：「想要你的奶瓶嗎？」或「這是什麼呀？」（不是真的要寶寶回答）等。問這些問題都是可以的，寶寶也不需要回答。

跟寶寶獨處半小時以外的時間，你可以做什麼？

繼續大量跟寶寶說他有興趣的事物。越能觀察寶寶的注意焦點，並且多與寶寶談論該焦點越好。你們外出的時候，如果寶寶看著小狗，你可以說：「那邊有隻狗狗……牠在跑……我聽到牠在叫……」如果寶寶看著你放在他盤上的午餐，你可以說：「這是馬鈴薯，旁邊是紅蘿蔔。」之類的話。

階段4

九至十二個月

追隨寶寶的注意焦點

寶寶這個階段朝獨立又更近一步。他可能會以手餵食自己，或在你爲他穿衣或洗澡時，把一隻手臂或腳伸出來，不過有時候他並不肯乖乖配合，爲他戴帽子時也會全力抗拒，而且要分散他的注意力已經沒那麼容易了。

寶寶對於每一件事的興趣都令人欣喜，雖然有時候要欣賞他這種興趣有點困難，例如，他可能著迷於飲料噴濺出來的景象。他現在是個小開心果，樂於做滑稽的表情或聲音逗你發笑，如果你笑了，他會再次表演給你看。

你開始感覺自己的後腦勺似乎也需要長眼睛了，因爲寶寶現在爬行或移動超迅速，而且很快就忘記剛才的碰撞與瘀傷，然後再次去做危險的活動。

寶寶的第十個月

溝通及語言發展

這個年齡的寶寶社交性變強，也更能意識到他人的存在，並對他人的感覺與心情更爲敏感。寶寶會熱切地聆聽新用語，在傾聽話語時已不那麼容易分心了。

他們開始以視覺追隨某焦點，一開始是距離近的物品，接著是較遠的物品。這個能力與理解物品名稱的能力差不多在同時期發生。寶寶現在知道父母覺得有趣的事物是什麼，如某本新書，也知道什麼事會惹父母不開心，如毀壞物品。因此，寶寶不僅能更嫻熟地與他人建立關係，對他人的各種反應也更加敏感，這種意識對於寶寶往後社交互動的發展有極大的影響。寶寶現在開始理解自己的行爲與大人反應間的關聯。他開始預測，如果把食物打翻到地上，媽媽應該不會太開心。

寶寶也開始理解說話者聲音語調的意思，並能在特定情境中，辨認非常熟悉的人與物名稱，也能理解環境中常見的物品名稱，例如球、泰迪熊或貓咪。寶寶社交意識增強，表現在常態性地看向叫喚他名字的人、在別人要求下遞物品給對方，依要求表現出其他例行活動等，如揮手道別。

寶寶此時已能區別自己母語語音的不同，事實上，他現在只能辨別聲母中的最小音素（如「趴」和「爸」的語音單位）。有趣的是，寶寶成熟的辨別能力與他說出第一個眞正詞語的時間點差不多吻合。

本來是由大人解讀寶寶無意的溝通，現在則由寶寶掌控對話。寶寶主動開始許多與大人的互動，並以離開結束。寶寶現在是能力充足的溝通者，基本上能傳達所有大人能傳達的意思，只不過是以不一樣的方式。他現在不僅能讓大人注意自己、注意其他人與物，也能要求大人提供物品、動作與資訊，還會打招呼、承認與告知，甚至辨識出別人不懂自己意思的情況，並重述自己說的話來協助聽者。一般來說，寶寶可讓大人清楚意識到，他的溝通是不是達到了他想要的結果。

寶寶現在主要以聲音搭配手勢來溝通。（通常是指著某物，伴隨著發出「呃呃」聲，代表他想要該物。）他現在會主動參與例行的語言遊戲如「拍拍手」，也喜歡模仿大人例行發出的聲音，如物品掉落時的「喔喔」聲。

寶寶現在的牙牙學語不但帶有語言的節奏、聲調模式及高低起伏，聽起來也越來越像某種外國語言。

整體發展

寶寶現在可單獨坐著好幾分鐘，拿到物品來研究也變得較為容易。他現在身體可前傾取物，也可以轉向側邊伸展取物，操作玩具更為熟練，可以用更多元的方式玩這些玩具。鬆手使物品掉落對他來說輕而易舉，如果他看過大人這麼做，就能把積木從盒內取出並放入，也可以抓握把手搖動鈴鐺。他會看球滾動，然後預測移動的方向，也會丟擲玩具，打開玩具包裝，及掀開看見被布遮住的玩具。寶寶操縱與探索物品的能力增強，對於他建立概念，如軟硬、輕重，非常有幫助，也能預先做好往後詞語與觀念的連結。

寶寶的行動力在這個時期大大增強，但其語言與溝通發展則可能暫時減緩。他現在可以翻身、開始爬行或拖著腳來移動，也可以依靠家具使力讓自己站起來，並抓著家具站立一陣子，甚至可以牢牢抓握著某物走幾步，但還無法靠自己的力量從此姿勢變成坐姿。

此外，寶寶現在能積極配合穿衣，會把手和腳放進衣服裡，當然，拉掉帽子的動作也很熟練！

注意力

這階段的寶寶可以短時間專注於某物或自己喜歡的活動，但很容易因爲其他聲音或動作分心。寶寶的注意力仍幾乎爲單一面向的，他剛剛學會同時看和聽某物，但前提是在其他干擾極少的情況下。寶寶和父母可藉手指物與追隨對方的視線，有效建立共享式注意力。

聽力

這三個月對寶寶的聽力發展來說是非常重要的階段，如果一切順利，本階段結束前，寶寶已有選擇性傾聽的能力：掃描環境中所有聲音、選擇要聽什麼並維持注意力，以及過濾掉不想聽的聲音。因此，寶寶藉由耳朵獲取有關這個世界的資訊將越來越有意義。寶寶到處移動探索的能力，使他能去尋找聲音來源，而不僅是四處觀察搜索而已。

現在有越來越多兒童無法順利形成這些發展，且不幸的是即使是多年以後，選擇性傾聽的能力也無法隨著寶寶的成熟自然形成。許多教師都認爲，**選擇性傾聽的問題是許多孩子學習障礙的根源**，且這個問題在過去十五年來日益嚴重。

十五年前我曾針對九個月大的寶寶進行聽力研究，發現一個令人擔憂的數據：高達二〇%的研究對象有重大的聽力障礙，這些嬰兒所能進行的聲音與來源連結非常少，之後就越聽越少，因爲聲音對他們沒有意義。許多嬰兒對聲音的回應少到讓人懷疑他們是否失聰。還有些嬰兒對聲音的反應不規則且反覆無常，他們大量地忽視聲音，即使聲音非常響亮或不太尋常。這些孩子無法掃描環境中的聲音並選擇自己想聽的，當正在看或觸摸物品的同時，就完全無法傾聽。

寶寶在九到十個月時，更常掃描環境中的聲音，且較能專注在特定聲音上。此時的掃描能力仍相對緩慢，對於某聲音的專注時間也相對較短，但這個能力卻非常有利於寶寶建立聲音意義的資料庫，以及傾聽並比較自己先前已認得的聲音，但這個能力顯然只能在前景音與背景音差別較大的安靜環境中才能發揮。

寶寶的第十一個月

溝通及語言發展

寶寶對於詞語的理解快速增長，他聽到對話中提到熟悉的人與物名稱，就會四處張望尋找，偶爾能表現出遵從簡單問題的能力，例如：「爸爸在哪？」「過來媽媽這裡」等。寶寶所使用的手勢越來越複雜，他會伸長手臂指著某物，也會用手勢來表示「在哪裡？」及用手部動作代表

「不見了」。

就發聲層面而言，寶寶現在喜歡模仿ㄒㄩㄒㄩㄒㄩ或ㄅㄚㄅㄚㄅㄚ等語音，也喜歡模仿非語音，在少數情況下則會模仿詞語。他聽到節奏性強的音樂會揮動手臂，或晃動全身興奮回應。他愛好「躲貓貓」或「拍拍手」等語言遊戲，也經常主動開始這些遊戲。

不管寶寶是自己獨處或與他人相處時都經常講話，他會咿咿啊啊地吐出不同的聲音，也知道對話的意思、如何參與對話，輪到他發言時會開心地說話，並期待輪到對方發言。

整體發展

寶寶現在能旋轉身體，也能以坐姿扭動取得物品，並伸展身體取得拿不到的東西。他可以找到自己曾看到藏在箱子裡的玩具。他開始可以控制每一隻手指頭，以拇指與其他指頭撿拾細小的物品。他能抓著家具站立，有時甚至能短暫地獨自站立，並以此方式在家具之間穿梭或快速爬行。

寶寶這個時期出現重大的智力發展。隨著經驗增長，開始了解物體相互間的關係，如把茶杯放在碟子上；也可以連結物品與事件，如用梳子梳頭髮。這對往後口語概念的連結是非常重要的基礎，如「芭比的梳子」或「飲料不見了」。寶寶此時對於看圖片開始產生興趣，並能連結圖片與其代表的物品。

他變得較有目的性，開始運用自己的能力四處移動來解決問題，如取得某特定物品，而不僅只是爲了一般探索而已。

注意力

寶寶這個時期較常出現共享式注意力，對某些焦點的注意力也會稍微延長。

聽力

寶寶現在對於聽聲音，尤其是言談更感興趣了。他現在比較不容易分心，對特定聲音的注意力也變長了。他開始克制對其他聲音產生反應，對於聲音與來源所能產生的連結快速增長，當他正在注視或操作物品時，也較能同時傾聽了。

寶寶的第十二個月

溝通及語言發展

在這個時期，不同寶寶的理解力視環境條件而有所差異，但寶寶開始運用詞語的時間多半一致，這點似乎是生物學上較固定的事實。

多數寶寶在這個階段對於名稱的理解逐漸增強，也能了解少數在特定情境中的口語請求，如「還要嗎？」寶寶以手勢如搖頭來表現這種理解，有時候也會試圖以口語回覆，例如在他人要求下說「再見」。寶寶現在可以開始整合人與物的互動，利用某人來取得物品——如拉著大人的衣袖然後指向某物——或以物品來獲取大人的注意力，如以湯匙激烈地敲擊餐盤。

寶寶現在常有意圖地發出聲音，如叫喚他人來吸引注意、表達自己想更換活動的欲望等，別人對他說話時也經常發出聲音回覆。寶寶發聲的語調成爲重點，發聲的旋律與節奏也有許多變化，要理解他試圖溝通的事變得容易許多。他現在喜歡賣弄滑稽的動作，喜歡在熟悉的遊戲中加入逗趣的元素。他會跟著唱歌，也會試著說「躲貓貓」的「貓」。他整天以相當長的類言談模式，對著玩具或對人叨叨唸唸。他現在的語音已日益達到與周遭語言相符的狀態，而且幾乎只用這些周遭語言的聲音。寶寶現在能發出的聲音範圍包括以口腔前部（如ㄆ和ㄅ）、口腔中部（如ㄊ和ㄉ）與後部（如ㄎ和ㄍ）所發出的聲音。他開始把這些聲音當作眞的詞語使用，如以「ㄅㄨㄅㄨ」代表汽車，也會發明一些自己的詞語，以個別音節或固定旋律常態性地代表某特定事件或物品，這些聲音現在仍很怪異，通常只有跟寶寶很熟悉的人才能辨別其含意。寶寶發出的聲音很清楚，但意義仍未明。寶寶也試著模仿詞語的發音，通常由熟悉的物品開始。

寶寶吐出第一個眞正詞語的神奇時刻，通常在此時期發生，有些寶寶在十二個月大時會說多達三個詞語（雖然許多寶寶需要更久的時間）。它們多半是熟悉的人或物的名稱，而且常包含他在牙牙學語時早就會發出的聲音，如ㄆ、ㄅ、ㄇ，ㄇㄚㄇㄚ和ㄅㄚㄅㄚ，這也是爲什麼許多語言中，代表父母的詞語都很相似的原因。

父母常感到疑惑，爲什麼這個時期的寶寶能理解的詞語，與他實際說出的詞語差別如此大。寶寶可能了解多達六十個詞語，但只能用二到三個詞語。我們可以想像自己第一次在媒體上聽到某外國政治家複雜的名字，如果我們感興趣並注意這件事，第二次聽到這個名字時就可以認得，但還無法準確記得這個名字裡聲音的次序，除非我們已經聽了許多次，否則很難說出這個名字。

況且我們只需要面對這個偶爾出現的名字，而寶寶卻要同時記憶成千上百個詞語。寶寶就跟我們一樣，通常在第二次聽到某詞語的時候可以辨識出該詞語，並連結它的意義，但它們需要聽過數十次才能記得。

整體發展

寶寶其他領域的發展也非常快速。他可以撿拾物品然後遞給大人，或以鉛筆模仿敲擊，握住筆好像在紙上塗寫。寶寶可以推行小汽車，模仿以湯匙攪拌等動作，也可以遮住臉玩躲貓貓遊戲。他現在能輕鬆地移動，靈巧地快速爬行，可短暫站立，有些寶寶在這個時期結束前會踏出人生的第一步，寶寶站立的姿勢使得他的雙手可自由活動。

注意力

寶寶一歲時，同時看與聽的能力增強了，也不再那麼容易分心。在這個階段，寶寶有時對自己選擇感興趣的事物會顯示出高度專注，有時候甚至專心到讓大人覺得自己受到忽視。

聽力

寶寶現已具備選擇性注意的重要能力，這個能力對於未來的學習很有益。聲音的世界對他已產生意義，不過這些能力仍完全仰賴於適當的環境才能展現。

這樣和寶寶玩遊戲

寶寶的遊戲能力快速成長。由於手眼協調力與對身體的控制增強，能以較細緻的方式進行探索。寶寶此時已學到一些更具目的性的遊戲技能，例如把物品從容器中取出或放入，打開容器、打開玩具的包裝、堆疊物品、推行玩具汽車、滾球、把物品與圖片配對、把玩具放在一起玩等。寶寶非常享受這些活動。

寶寶對於書本的終身樂趣可能開始於這個時期，這是一大里程碑。

寶寶此時可抓握鉛筆並在紙上塗寫。這是他展開書寫的第一步。

寶寶仍喜歡幾個月前的互動遊戲，現在更積極開始且維持遊戲的進行。

寶寶此時另一個重要發展是與同儕的互動，他會把玩具拿給另一個寶寶或展示給他看，也會指出自己感興趣的事物，但他也可以從別的寶寶手裡拿走東西，就此展開了合作與衝突的關係。

第十個月的遊戲

寶寶現在可以用食指戳物品，不再僅能用整隻手抓握，這點給了他進一步研究物品的能力，使他能獲取更多有關物品材質與形狀的知識。寶寶現在仍常把東西放進嘴裡，但眼睛和手逐漸取代了嘴巴，成為探索的主要工具。寶寶對細節開始感興趣，例如會仔細端詳娃娃洋裝上的圖案。寶寶他很喜歡到處移動，探索與操作許多不同的物品與材料，並逐漸建立起對周遭世界的認知。寶寶此時的行動力非常重要，能使他前往探究以找出聲音來源，不僅有助於累積他對世界的理解，也

有益於持續發展選擇性注意力。

寶寶現在可以開始學習大人操作玩具的動作，如學媽媽讓泰迪熊上下跳動。這類探索遊戲對於寶寶的認知概念，如厚薄之分，與類別概念，如哪些東西可滾動或可丟擲，皆極爲重要，沒有這種認知，就無法形成有意義的語言。

寶寶在此階段對待物品的方式大致相似，他對因果觀念仍很粗淺且了解有限，如：以積木敲擊桌子會發出聲響。他很喜歡發出聲響的玩具。

在這三個月，童謠扮演非常重要的角色。偉大的語言學家平克曾說：「人類耳朵受到童謠的吸引程度，正如眼睛受條紋的吸引一樣。」寶寶喜歡坐在大人的腿上欣賞童謠，他喜歡那些旋律簡單，與他所知的世界、熟悉的人與事相關的童謠，例如與睡覺相關的催眠曲、與跌落、穿衣等動作或與身體部位有關的童謠。

寶寶現在更積極地參與遊戲，他跟大人能齊鼓相當地展開遊戲，仍喜愛大量重複熟悉的遊戲，並以手勢與聲音清楚表達他可以預測遊戲的語言和活動，以及他知道接下來會發生什麼事的愉快情緒，當這些遊戲一再重複時，將發展出它們獨有的節奏、音調與聲調模式。

正當寶寶準備成爲口語對話者之際，輪流遊戲在這個階段最受到他的喜愛。他喜歡跟大人玩互相輪流的遊戲，如把球滾向對方或把小汽車推給對方。他也喜愛玩躲貓貓等跟大人扮演不同角色的遊戲。

第十一個月的遊戲

寶寶現在會開始以較不同的方式對待物品。他喜歡把物品放入或從容器中取出，例如把積木從盒中取出或放入，以及打開容器等。他現在可毫無阻礙地滾動球與推行玩具汽車，並伴隨著發出與詞語作用差不多的聲音，如以「ㄅㄨㄅㄨ」代表汽車。他很喜歡模仿大人發起這些活動，也開始理解物品彼此的關係，如杯與碟是一起的。

寶寶現在有了連結圖片與物品的能力，因此又向終身閱讀樂趣邁出另一步。寶寶喜歡熟悉物品的明亮圖片，也開始眞的看這些圖片，而不只是啃咬或把玩書本，他現在甚至會開始翻書了。

第十二個月的遊戲

寶寶現在很喜歡玩軟玩具，也正發展簡單的假想遊戲：他可能摟抱泰迪熊或推行嬰兒車裡的娃娃。他喜歡代表眞實事物的玩具，如動物玩偶；也喜歡玩眞實的用品，如杯子或梳子，他看過父母使用這些用品，現在想要親自了解如何使用這些東西，以及在他生活中的功用。

寶寶玩這些物品的方式透露出他知道它們的功能：他會推行玩具汽車，或讓泰迪熊走路，卻不會以相反的方式玩。他在遊戲中展現出理解大人所用物品的用處，如電話是用來對著講話的。

寶寶的手眼協調能力與手部控制技巧的增強，讓他可以把釘子放入簡易的玩具小釘板中，或玩堆疊玩具如疊疊杯。他也非常喜歡玩紙盒與厚紙箱，還喜歡可以爬進去的大箱子。

寶寶現在很喜歡大人在固定的遊戲帶入一些變化，他覺得這樣很好玩。大人可以在寶寶期待下一個動作發生前暫停一下，讓寶寶有預期下一個動作的時間。此外，寶寶也喜歡規律遊戲外的一些變化，例如，寶寶準備好球要滾向自己時，大人突然改變手勢，示意要把球滾向泰迪熊。

寶寶玩具箱

代表型遊戲：以下這些玩具可協助寶寶理解物品的功能，以及可以怎麼使用它們。

- ★動物玩偶
- ★簡單的木製交通工具
- ★娃娃的嬰兒車
- ★娃娃的髮刷和髮梳
- ★茶具組

研究型與操作型遊戲：

- ★布積木
- ★紙與筆
- ★套圈圈
- ★不同尺寸的紙箱，包括大到可讓寶寶爬進去的紙箱
- ★大型軟球

可探索的真實物品：

★塑膠杯
★軟型髮梳
★湯匙

發出聲響的玩具：這些玩具可協助寶寶製造並傾聽有趣的聲音

★鈴鐺
★裝有不同東西的容器，如米粒、豆子、扁豆等。
★鼓
★木琴
★沙鈴
★鍋蓋與湯匙
★響板
★弄皺的紙

寶寶現在已達到可以連結圖片與其所代表之物品的階段。他會開始看書，甚至試著翻頁，不再只是啃咬或把玩它們。寶寶喜歡顏色明亮、色彩豐富的紙板或

布書，且上面有他熟悉的真實物品圖片，如杯子或玩具鴨。

跟寶寶一起看書可以是遊戲時間中最令人享受的部分。目前最重要的，就是把這段時間變成一段愉快的互動經驗，如此一來可以讓寶寶從一開始就對書本產生非常愉快的連結。

讓寶寶坐在你腿上，一起看圖片時給他充足的擁抱，並讓他看你如何翻書。與寶寶靠近一點，共享相同的視角。有時候給寶寶看跟圖片相關的實際物品也會很有趣，可以搭配圖片發出聲音，例如看到鴨子的圖片時發出呱呱聲。給寶寶充分的時間探索手上的書和圖片。

遊戲道具

寶寶現階段正發展出各種不同種類的遊戲，因此提供適合的玩具很重要。許多玩具對寶寶接下來幾個月都很有益處。因爲寶寶的注意力仍非常短，所以需要大量的玩具，好讓他能隨意由某玩具轉移到另一項玩具。

寶寶在玩這些器材時會希望你在附近，你可以展示給他看怎麼玩這些玩具。當寶寶發覺自己有鬆開物品的新能力時，你可重複把物品歸還給他，如此可增強他的遊戲能力。研究發現，當寶寶身邊有支持他的大人時，他能以更創新的方式遊戲。不過請務必忍住接管的欲望。**你可以示範玩玩具的新方式，然後不再插手**。寶寶需要時間探索並想辦法理出頭緒。

電視與影片

針對電視與影片，我們的建議還是跟之前相同。**寶寶必須經由與人互動來學習語言，而非電視或影片。**

寶貝觀察紀錄

寶寶十二個月大時的表現：

★跟著音樂唱歌。

★聽懂自己的名字。

★在慣常情境下聽懂一些人與物的名稱。

★以搖頭代表不要。

★運用一至三個詞語。

媽咪要注意

寶寶滿十二個月大時，如果有以下情形，請尋求專業意見：

★聽到你談到某些物品時，從不張望尋找這些熟悉的物品，如自己的帽子。

★某人叫喚他的名字時不會回頭去看說話者。

★未發出許多音調起伏的咿啊聲。

★從未試圖主動開始玩一些小遊戲。

★不會追蹤某焦點，或看向你所指的方向。

兒語潛能開發這樣做

寶寶此時喜歡與你獨處勝過一切。寶寶一天當中的多數時間無可避免多爲大人主導，因此他可以當老大的這段時間對他而言是很棒的經驗，也將使他在其他時間更爲順從，這段時間對寶寶的情緒與行爲發展極爲有利。不管有多難騰出這每天的半小時，請務必爲寶寶保留這段遊戲時間。

我記得第一次見到這對討喜的雙胞胎凱文與尼莉，是在他們十個月大的時候。他們非常活潑，忙著往不同方向爬來爬去，並研究放眼所及的東西。不過凱文與尼莉的語言發展程度只有六個月大，只聽得懂「不行」與自己的名字，發出的聲音也很少。他們的母親熱切地想幫助他們，找到一個鄰居願意每天幫她顧其中一個小孩半小時，然後等到他們的父親回來時，再跟另一個孩子獨處。一開始最大的問題是雙胞胎很不願意分開，不過他們很快就發現大人全心專注在自己身上，以及可主導遊戲的樂趣。他們的母親也覺得一次陪伴一個寶貝很愉快。後來兩人都飛快進步，他們七歲時的閱讀與運算能力，與十歲的孩子無異。

如果你的孩子是雙胞胎，想盡辦法騰出時間，每天分別與他們獨處半小時，絕對值得。雙胞胎在口語與語言發展上常落後其他孩子，雖然許多雙胞胎到了學齡階段會趕上進度，但也有部分孩子趕不上。增進孩子語言發展最有益及最重要的方式是，談論他當下的注意焦點。如果大人一次面對一個以上的孩子，要做到這點並不容易。這也是爲什麼家中的老二與更晚出生的孩子，通

常在語言發展上較老大緩慢的原因。

請維持你與寶寶一對一的遊戲時間。

一對一遊戲時間，環境一定要安靜

遊戲時間必須在非常安靜的環境進行，這是絕對必要的條件，也是選擇性傾聽發展的關鍵。以口語而言，寶寶現階段必須留意什麼詞語裡有什麼語音，因此讓他聽得清楚非常重要。基於相同原因，遊戲時間最好離他近一點。所有研究證據都顯示，這個階段寶寶聽到的語言量，與他未來的語言發展高度相關，所以持續並且大量地跟寶寶說話。

寶寶在這個階段也開始連結詞語與意思，如果條件有利，他將以驚人的速度發展，不要小看你在這個時期所能給寶寶的協助。想想我們平常用的句子，例如：「喔，看啊，天氣轉晴了。我們出發，去拿外套和靴子，到外頭散步吧！」我們到底是怎麼從這一串詞語中，弄清楚哪一個詞代表的是穿在腳上的靴子呢？寶寶顯然在這件事上需要很多幫助，兒語潛能開發在此階段的主要重點就是提供寶寶這個協助。

持續玩互動遊戲

在遊戲時帶入語言與動作，對寶寶仍然很有幫助，接下來這三個月也請持續這麼做。你和寶寶現在已發展出對世界的共享理解，他因此能理解重要物品與事件的意義，也做好了理解跟這些事物相關詞語的準備。在這個階段，寶寶會把短句中的詞語如「媽媽抱抱」與被抱起的動作直接聯想在一起。

這些互動遊戲是建立共享式注意力的絕妙方式。寶寶在這個時期正逐步成爲地位更平等的夥伴，你們從原本由你安排活動，到寶寶很快以對等夥伴的角色參與其中，你會發現寶寶在發出聲音之間會停頓，彷彿是給你發言的機會，而他在你講話時通常會停止發出聲音，並在你停下時再度發聲，這表示你已協助他學會了對話的基本規則。

你與寶寶玩遊戲時應保留大量相同的部分，同時也開始帶入我們在遊戲那部分所討論到的變化。舉例來說，你可以假裝事情搞錯了或改變規則，或在預期事件前停頓較長時間，這些活動將大大鼓勵他以夥伴身分參與遊戲，也會協助他學習某活動所涉及的所有步驟次序。

遊戲有助於寶寶連結詞語與意思。

持續模仿寶寶的聲音給他聽

模仿寶寶的發音給他聽在這個階段非常重要，因爲這是寶寶的語音系統終於符合其周遭語言的時期。他這時期的重大任務是留意並記住聽到的數千個詞語中，哪些語音去了哪裡。模仿他的發音給他聽，有助於強化他以嘴唇與舌頭做出動作及產生聲音，也有助於他比較自己的聲音與周遭的人所發出的聲音。

持續跟寶寶的聲音對話。

持續發出擬聲詞

這些有趣的聲音，例如推行小汽車時發出「ㄅㄨㄅㄨ」聲，或掃地時發出「唰唰」聲，在這個階段不僅好玩，跟之前一樣持續對寶寶有極大的幫助。

尚恩八個月大時被帶來看診，因爲他幾乎不發出任何聲音。他似乎是一個超級平和與滿足的寶寶，對自己的母親與環境的要求很少。他很少主動開始與人以聲音互動，對溝通也未展現出什麼興趣。他發出的聲音約爲五個月大的寶寶所達到的程度，僅有聲母與少數可辨認的音節。我們請尚恩接受兒語潛能開發，建議他的母親對他說很多聲音，並回應他所發出的聲音，兩個月內，他各方面的發展已符合其年齡。

這些聲音能傳達給寶寶「聽聲音很有趣」的重要訊息，因此可鼓舞他多聽。這些聲音有助於寶寶區別該語言的語音，也可以讓寶寶聽到並專注於一兩個聲音，而非一長串快速變化的口語。

你可以逐步增加創造性。舉例來說，用於掉落玩具的擬聲詞數量多得驚人，如「砰」「咚」「喔喔」等等。其他像是一些滑稽短句如「媽媽抱抱小寶寶」「哎呀呀」或「喔喔」等，你應該繼續對寶寶說這些句子。

追隨寶寶的注意焦點

許多研究證據顯示，大人與寶寶注意焦點越相符、共享注意力的時間越長，孩子未來對詞彙及語法結構的理解程度越廣泛。

你可以準備大量有趣的物品在寶寶身邊，然後靠近寶寶，與他面對面，觀察他在看什麼或抓了什麼，然後把名稱說給他聽，如「那是泰迪熊」。如果寶寶的興趣焦點是剛發生的事情，描述該動作給他聽，如「放開，掉下來」。你跟寶寶越靠近——不僅針對共享注意力的物品，而是了解寶寶心裡眞正想的事——就越能協助他理解事物。以書本來說，寶寶的興趣可能是啃它（你可以說：「你在啃書。」），也可能是翻書（你可以說：「翻到下一頁。翻過去。」），還可能是書上的圖片（你可適時地說：「這是汽車。」）試著了解寶寶感興趣的事。

同樣的，如果寶寶看著你，似乎在等待你做某事，你可指向某物並說出名稱，或拿起一個玩具玩，說出你正在做的事，把意思說得非常清楚。**寶寶注意焦點一轉移，你就隨之轉移，千萬不要試圖違反他的心意，強迫他把注意力集中在某事物上**。

觀察他感興趣的事。

協助寶寶享受傾聽

這是寶寶發展出「專注在想聽的事物，且過濾掉不想聽事物」的能力關鍵期。在這三個月結束前，寶寶應該可以做到這點。相反的，如果發展未如預期，寶寶可能在聽力上遇到極嚴重的問題。曾有許多學齡前兒童來我這裡就診，他們被懷疑是重度聽障，但後來檢查發現聽力完全正常。他們的問題出在未能建立起聲音與來源的重要連結，於是整個聲音的世界變得不具意義，他們乾脆選擇不聽。這些孩子如果未能接受協助，未來就學將面臨非常嚴重的問題。

哈利約一歲時被帶來看診。他隨便張望了一下，然後忽略跟他講話的任何人，即使是他的母親。他不受發出聲響的玩具吸引，對於高分貝的玩具也無動於衷，隔壁房間突然有一個孩子大聲尖叫，哈利也沒有反應。我原本以爲他是眞的重度聽障，這也是他父母擔心的。我問哈利的母親他最喜歡的點心是什麼，母親說是馬鈴薯片，我再問她哈利帶來的玩具有沒有哪一樣是他特別喜歡的，母親說是泰迪熊。

我們派人去買一袋馬鈴薯片，然後我坐在哈利面前，一次給他一片，並且在給他的時候把袋子弄皺。接著我開始跟他的泰迪熊玩，慢慢靠近並同時說：「來了，來了，來了……將將！」哈利非常喜歡這些活動。接著我請人在前面干擾他，然後我在後面弄出馬鈴薯片袋子的聲響，並在他的後方兩側非常低聲地隨機說話，他每次都能準確地找出聲音，不管我發出的聲音有多輕。

在接受兒語潛能開發四週之後，哈利已能完全正常地回應聲音。

遊戲時間請充分傳達給寶寶：傾聽是件輕鬆有趣的事。你可以在沒有其他背景噪音干擾的情況下，提供寶寶容易傾聽的有趣「前景音」，準備許多會發出聲響的玩具，偶爾展示給他看，可以怎麼用這些玩具來發出聲音，給他時間聽這些聲音，不要同時說話，並展示給他看你如何以不同方式用這些玩具發出聲響，如大聲與小聲。

有一點要特別注意。**有些玩具公司生產的聲光玩具，尤其是電子玩具，常會發出極刺耳的聲響，可能對寶寶的耳朵產生傷害。**

有時候協助寶寶建立聲音與其來源的連結也對他很有幫助，如當你打開吸塵器或按電鈴後，會出現某特定聲音。

如何跟寶寶說話

你過去曾以一些說話方式來協助寶寶培養注意力、警醒度與溝通自己的情緒，現在你跟寶寶說話的方式，則對寶寶理解詞語非常重要，這是語言發展的關鍵階段。

★維持說短而簡單的句子

這個階段跟寶寶講話仍要保持句子簡單明瞭，原因如下：

第一，在短句中的詞語比較容易釐清意思。舉例來說，「那邊有隻狗狗」意思很清楚，「我想有隻狗和貓剛剛過了馬路」，意思就沒那麼顯而易見。

第二，寶寶現在的重大任務是注意哪些詞語中有哪些語音，記住它們並說出來。注意短語或短句中聲音的次序，顯然比長句要容易許多。

使用簡單的句子，而非單詞。

大人的語言輸入必須符合寶寶的理解程度。在這個階段，寶寶的理解約爲單詞程度，因此合適的語言輸入是包含一個重要單詞的短句，例如：「有一隻貓。」或「這是一顆球。」不要單純使用單詞說話，這不是正常的溝通方式。

寶寶現階段的注意力時間仍很短暫，因此短句較適合他們。跟寶寶說話時請保持簡單的短句，但結構、語法一定要正確，例如你可以對寶寶說：「桌子上有隻狗狗。」但「桌子狗狗」就不是正確的語法。研究顯示在這個階段，母親運用的語言越不複雜，孩子運用句子的長度增加得越快。

每個小短句之間最好有停頓，讓寶寶有時間理解句子的含意。改變談話主題時最好停頓稍久一些，研究顯示，這個年齡的寶寶喜歡聽有停頓的言談，他們似乎知道對自己最有益處的言談形式爲何。

★句子間需有停頓

請繼續以較緩慢響亮、語調起伏的方式跟寶寶說話。這個年齡的寶寶仍較能專注於這類語言，這種豐富的語調與聲調模式，有助於他們理解句子的語法，讓寶寶辨認出句子中有新單字，並把詞語與物品連結在一起。（小心不要扭曲說話的方式，跟寶寶說話永遠都要保持自然。）另外記得說話時要帶入大量的名稱，例如：「我們把杯子放在桌上」，而不要說：「把那個放在那裡」，這種形式的言談是吸引並保持寶寶注意力，維續其警醒度最有效的方式。

重複說一件事也非常重要。我們需要在不同情境中多次聽到某詞語，才能充分了解其意義，並記得這個詞語。試想自己在學外語，或試圖記住在新聞上剛出現的外國政治家名字，在你想說出這個名字前，必然要聽過這個名字許多次，這種辨認與記住之間的巨大差異對寶寶也相同。

寶寶需要多次聽到相同的字句。

重複的遊戲與童謠對寶寶的語言發展很有幫助。你可以把名稱帶進跟相同物品或事件相關的一連串短句中，如：「有一隻狗狗，可愛的狗狗，這裡有狗狗，狗狗來了。」幫寶寶洗澡、穿衣與餵食的時間都很適合這麼做，這對寶寶來說很有趣，這個年紀的寶寶都喜歡聽到他們已經知道的詞語。

★大量使用手勢

前面曾提過，如果大人提供適切的協助，寶寶連結詞語與其指稱事物的能力將快得驚人。

莫莉是有著一頭捲髮的三歲小女孩，她把汽車說成門，把襯衫說成鞋子。她是家裡排行第十的孩子，從沒有大人跟隨她的注意焦點，因此她看著某物又聽到另一個名稱時，不免做了很多錯誤的連結。我們請莫莉跟一位姑姑建立起一天半小時的獨處時間，然後在這些遊戲時間中，請姑姑觀察莫莉的注意焦點在哪裡，就說出該物的名稱，也請莫莉的家人和老師盡可能這樣做。針對莫莉說錯

名稱的物品，盡量以自然對話的形式，正確地說出名稱。於是，莫莉開始越來越正確地連結物品與意義，最後這種說錯名稱的情形就越來越少了。

不管是大人指出所說的物品，或是大人說出寶寶指出的物品，手勢都是非常重要的工具。寶寶九個月大時，視覺可追蹤前方的一點，但無法橫越視線。用手指物可確認你們共享注意力的焦點，這對寶寶在單詞與其指稱事物之間做出正確連結。你也可以利用手勢讓寶寶知道你是什麼意思，例如，說「倒牛奶」時同時做出動作。有時模仿寶寶的手勢很有意思，而且會讓他發笑，鼓勵他進行更多溝通。

如何問寶寶問題

在此階段你仍會以提問作爲引起寶寶注意力的手段，所謂的問題其實就是你的評論，這樣做並沒有問題，不過請注意絕不要以問問題試圖逼迫寶寶講話。

不要以問問題逼迫寶寶說話。

跟寶寶獨處半小時以外的時間，你可以做什麼？

繼續跟寶寶大量說他感興趣的事物。例如，他在洗澡享受樂趣時，你可說：「啪啦！你把水濺在鴨寶寶身上啦！牠沉到水面下去了。喔，牠在這裡！」寶寶在玩堆疊玩具時，你可以說：「疊上去……再一個。」

階段5

十二至十六個月

邊說邊指給寶寶看

寶寶在這個階段的特色是飛速邁向口語發展。你家的學步兒現在介於寶寶和幼兒之間。出門的時候他會急切地想自己走，但才走一小段路就想要人抱。他會想自己用湯匙吃東西，即使會灑得到處都是。如果他很累或不舒服的時候，會希望你像從前那樣抱著餵他。但寶寶很快就會脫離嬰兒階段，要好好把握這段時間！

寶寶現在很容易陷入危險的情境，你的視線一秒鐘也不能離開他。當你們準備出門時，寶寶顯得非常興奮，他對外出時所看到的所有動物、人和景物都很著迷。在這個階段偶爾慢下腳步，享受寶寶對這個世界的強烈興趣是一件很愉快的事。

寶寶現在仍非常希望你的陪伴，也很需要你的協助、撫慰與保護。寶寶的性格在這個階段開始顯現，你可能會發現他和其他家族成員有趣地相像，例如都是急性子或很固執。

寶寶大腦的另一波重大發展也是出現在這個時期，他會對許多事物產生大量連結。研究顯示，在這個階段所受到的刺激對寶寶的發展有重大影響，若缺乏有人跟他說話、與他遊戲，未來

便難以充分發揮潛力。

寶寶的第十二至十四個月

語言發展

這個時期剛開始時，寶寶才剛學到破解語言的密碼。每個寶寶的理解程度在這個階段有極大的差異，理解力取決於寶寶的經驗。寶寶快速增長的理解力，相較於說出詞彙的緩慢成長，兩者間有明顯的差異，這點再次反映出人類需要聽到詞語幾次之後才能加以辨識（寶寶和大人一樣，可能聽一次就認得該詞語），與準確說出該詞語所需要聽到的次數，有很大的不同。有時候寶寶會以某詞語廣泛代表有相似特徵的物品，例如以「貓」表示所有四隻腳的動物，但他們通常可正確指出貓、馬與羊的圖片。寶寶現在喜歡看熟悉物品的圖片，喜歡有人為他說出這些物品的名稱。他很快就會認識這些詞語。這是閱讀重要的前兆指標。

如果一切如期發展，一歲時的寶寶已可理解不少詞彙，而且會說兩到三個詞語。從寶寶到處張望尋找大人剛提到的人或物，會發現寶寶每週又多懂了一些新詞語。除了說話者說的內容外，寶寶現在更能辨別他們的情緒，例如知道爸爸媽媽對他做的事感到愉快或生氣。寶寶現在已聽得懂一些短的命令句，尤其是遊戲中的短句，如「那個給媽媽」「全都倒了」。

這個時期開始時，寶寶體認到自己是與其他人有別的個體，他在互動過程中已成為平等的夥伴，常會主動發出聲音開啟「對話」，以及「拍拍手」等口語手勢遊戲。他現在比較了解自己用不同的溝通方式所產生的效果，例如，要寶時會期待聽到別人的笑聲，或指著某物看大人，期待別人遞給他該物。

寶寶十四個月大時，口語發展已達可慣常地使用四到五個詞語，其中一個通常是他非常頻繁使用，也最喜歡的詞語。（我的孩子喜歡說「抱抱」，不僅代表他想要人抱起來，也代表希望別人注意。有趣的是，即使成長環境有極大差異，寶寶使用詞語的年齡差別仍有限，這意味著這方面的發展，在這個階段主要是受生物決定的影響。）

寶寶所說的最初幾個詞語通常是熟悉物品的名稱，如食物、衣物、身體部位或玩具，後面接著出現代表動作的詞語，如「抱抱」。在這個階段，寶寶只會在聽過這些名稱的情境中說這些詞語。舉例來說，他可能在自己家中的用餐時間才會說「湯匙」。

寶寶使用詞語的方式跟我們不太一樣。這些詞語不僅用來作爲標記，也代表整個句子、問題、請求物品或注意力、問候、提供資訊、抗議或命令。舉例來說，「杯子」可以代表「我想喝東西」「那是我的杯子」或「我的杯子在哪裡？」寶寶清楚表達意思的技巧越來越嫻熟，會以手勢配合聲調模式表達不同的意思。即使在這個單詞階段，寶寶談論的通常是環境中對他提供資訊與溝通最有用的事物，多半是自己的玩具，還有對他來說最重要的人。

當寶寶不知道某詞語時，他會以指稱相似物的名稱來代替。例如，他可能知道住在自己家那隻毛茸茸的可愛動物叫作「貓」，因此把這個名稱用來稱呼所有以四條腿行走的毛茸茸動物。

寶寶可能有一段時間會偶發性地使用最初學會的詞彙，他可能說了數日或數週，然後又有一陣子不說了。因爲這個緣故，父母可能覺得難以回答「寶寶會說幾個詞語了？」這種問題。不過不必擔心，當最初的這些詞語消失好一段時間之後，一定會再次出現。

縱使如此，寶寶多半仍以手指物，伴隨著發出「呃呃」聲來傳達自己的需求。他所用的語言是一長串音調起伏的咿啊聲，現在加入了眞正的詞彙。他變成一個小模仿家，不但會模仿自己聽見大人說的詞語，也會學動物與交通工具的聲音，甚至是其他寶寶發出的聲音。他對其他孩子發出的聲音很有反應，常主動跟他們玩輪流的語言遊戲。

整體發展

寶寶其他領域的發展與溝通發展一樣快速。這個時期一開始時，寶寶以爬行或拖著腳的方式忙著四處探索，現在則能在不需協助的情況下，從地上站起來，也能爬上較低的階梯，並且可能跨出最初的幾步。

寶寶對於自身與環境的知識正在增加，這點表現在球滾出寶寶視線時，他會清楚記得並看往正確方向。另外，寶寶會記得自己曾做某事讓人很開心，然後重複表演逗人發笑的行爲。他現在能表達很多情緒，包括幽默感，聽到出人意表的聲音時會放聲大笑。一般說來，寶寶在這個階段很願意幫忙也很配合，如穿衣時會積極地配合把手腳伸出來。

寶寶的手部技巧快速發展，這些能力可協助他進行探索世界的重大任務。他很喜歡看窗外，然後指著自己看到的東西。寶寶十二個月大之後，可把一塊積木疊在另一塊上面，但還要再過一個月才會放開積木。他可能在這個階段表現出對某隻手的使用偏好，不過有許多寶寶在更久以後才會表現出來。寶寶抓握住物品的能力已經接近大人，他現在可以一手抓住兩塊積木。他仍喜歡把玩具與其他物品放入容器並取出，也喜歡塗寫。

注意力

寶寶現在可能開始表現出，有一段時間非常專注於自己所選的物品或活動，不過他的注意力時間仍非常短暫。他可確實看向大人所看之處，但幾乎仍無法持續對大人關注的焦點保持注意力，他不是不願配合，是眞的做不到。

寶寶現在可以對圖片維持短暫的注意力，並連結圖片與名稱。若想讓這兩件事都順利發生，大人與寶寶必須共享相同的注意焦點，清楚讓寶寶知道某詞語確切指的是什麼。這種注意力的協調，主要是由大人跟隨寶寶的視線，然後談論他的注意焦點來達成。這點對寶寶日後在學校所有的學習都是很重要的能力。研究發現，相較於獨自玩耍，這個階段的寶寶跟大人玩互動遊戲時較爲專注。寶寶開始引導大人的注意力，最初是指向某物，然後看著大人，對大人表現出自己的興趣。到了十四個月大時，寶寶已可同時指向物品並看著大人。

聽力

寶寶現在在背景音與干擾非常少的情況下，可以過濾背景音，然後專注於前景音上，如果環境未能配合，很容易失去這個重要的新能力。

我見到瑪麗的時候她十四個月大。因爲基因異常，她一隻耳朵聽覺正常，另一隻耳朵則完全聽不到。她的父母被告知這種情況不會造成任何問題，但事實並非如此。人類是透過雙耳聽見聲音的差異，才能找到聲音來源。想當然爾，瑪麗無法做到這點，也因此無法連結她所聽見的聲音與其意義。聲音對她來說變得越來越沒有意義，於是她把注意力全然轉向觀看與操作，幾乎停止傾聽，對口語毫無興趣。另外，她家裡有三個比她年長的孩子，常態性的吵鬧聲更是雪上加霜。

我們安排瑪麗接受兒語潛能開發，把重點放在聽力上，以及能幫助她連結詞彙與意義的活動。達成這些目的需要安靜的環境，沒有背景音的干擾對瑪麗來說絕對必要，因爲她僅能用一耳傾聽，如果有任何背景噪音，就很難專注於某聲音上。我們給瑪麗許多有趣的聲響玩具，然後放慢速度、提高音量、加強語調起伏，讓語言聽起來很簡單而吸引人。這麼做很快就讓瑪麗感受到傾聽是她想做的事。接著，我們藉由談論瑪麗的注意焦點，很快地讓她開始連結詞彙與意義。瑪麗的聽力與對詞彙的理解幾乎立即進步了，短短四個月內，在這兩個領域已趕上同齡孩子的程度。

寶寶對聲音意義的認知穩定地累積，有助於他對世界的理解。聲音的意義可幫助寶寶了解一天的節奏與順序，例如他能辨認與用餐時間、洗澡時間、有人來訪與外出等有關的聲音。

在吵雜的環境中，你希望寶寶能更有社交互動時，他卻變得安靜了，這並不代表寶寶不想與人交際，而是因爲他忙著聽，並試圖釐清周遭所有不同聲音的意義，所以沒空同時發出聲音。

寶寶的第十四至十六個月

語言發展

寶寶現在了解許多日常物品如衣物及家具的名稱，也能辨別一些身體部位，如耳朵或頭髮——不僅是自己的，還有娃娃身上的。他開始理解除了物品或動作名稱以外的一些詞語，如裡面和上面等詞語，也開始理解大人手勢的含意，一開始只有在大人靠近他時才行，現在在較遠處也沒問題。他會以手勢伴隨發聲來回應，表示自己聽懂了某問題。例如，被問到「飲料在哪裡時？」他會指向飲料，然後發出「呃呃」聲。

在這個時期尾聲，寶寶理解了整體中較小單位的名稱，如「門」和「窗」是房子的一部分，「袖子」和「鈕扣」是外套的一部分。他們開始可以在沒有或極少視覺提示的情況下，理解一些非常熟悉的短句，如「爸爸回來了」。他們現在能聽從包含兩個重要詞語的短命令句，如「去廚房拿鞋子」。

寶寶十六個月大時說的話已包含母語中的所有語音，但通常只有非常熟悉寶寶的人才聽得懂。「學語轉移過程」——寶寶牙牙學語所發出的聲音去蕪存菁，只剩周遭語言語音的過程——在這個時期已接近完成。寶寶這時期所說的詞語通常是大人的簡化版。（例如我的女兒一直把她的安撫巾稱爲「被被」。）多數家庭都很樂於保留幾個早期的可愛「寶寶語」。在我家，兔子一直有「度度」的別稱，天竺鼠則叫作「天天鼠」！

寶寶現在詞彙的語音更爲廣泛，包括口腔前方發出的聲音如「ㄆ」和「ㄅ」，口腔中部發出的「ㄊ」和「ㄉ」，以及口腔後方發出的「ㄍ」和「ㄎ」。他可以緊閉雙唇送氣發出「ㄅ」，也可以稍微放鬆雙唇送氣發出「ㄆ」。

到了十六個月大的時候，多數寶寶已可說六至七個詞語。這些詞語開始出現在他說出的一串咿啊聲中，彷彿他知道人們說話時不只說一個詞語，而是一長串，他也盡力做到這點。在這個年齡階段結束時，有些寶寶開始能較快學會新詞語，但也有一些寶寶要等到更晚才會。許多寶寶在這個時期看到東西掉落時，喜歡模仿大人說「喔喔」。

寶寶現在喜歡獨自哼哼唱唱，也喜歡跟大人或其他孩子輪流發出聲音，但多數互動仍非常短，可能一人僅限於輪到一兩次。寶寶也開始發展出象徵性動作，例如以搖頭代表「不要」。

整體發展

多數寶寶通常在這個時期可獨立保持站姿，這個姿勢能讓寶寶騰出雙手進行更多研究與探索。如果寶寶先前還未開始走路，現在可能踏出幾步，但仍無法突然停下來或在轉角處轉彎。他走路時「下盤寬闊」——兩腳打開以保持穩定，他可並用手與膝蓋爬上樓梯，也想試著丟球，但每次這麼做都會跌倒。寶寶現在可以用湯匙餵自己，雖然會弄得髒兮兮；可以脫掉帽子和鞋襪；也開始控制自己的行為，例如碰到大人不允許他碰的東西時會說「不行」並把手縮回來。

寶寶手部的靈活度持續發展。他可以疊起兩塊積木，並鬆手放開第二塊。寶寶此時也較少丟擲物品了，但他仍喜歡丟出某物再把它撿起。他現在會聽從請求把玩具遞給大人然後鬆手，也可以輕鬆地滾球或把好幾個積木放進容器裡。他喜歡跟大人玩，有時候也喜歡獨自玩耍。

寶寶對書本的興趣持續成長，他現在可以幫忙翻頁、興致高昂地看著圖片，有時會拍打圖片。

寶寶的智力與語言發展互爲影響，寶寶需達特定程度的智能發展才能發展語言，而語言發展亦可刺激智能發展。

寶寶正穩定學習新概念。他了解到杯子和外套等物品不僅跟他以某種方式相關，而且有一種稱爲杯子或外套的種類，包含了許多不同的杯子與外套。這種概念一開始是非常廣泛的整體概念，如「用來吃東西的器物」，後來逐漸轉變爲較細的子類別如「刀具」與「餐具」，最後才是「刀」「叉」與「湯匙」。這些概念對於學習語言是不可或缺的。寶寶同時在學習與尺寸、數字相關的概念，如「一個」和「許多」，「較大」和「較小」等。沒有這些概念，相關的詞彙就毫無意義。

注意力

寶寶現在可能較頻繁表現出，對自己所選物品或活動較長且密集的專注力。當寶寶想專注的時候，有機會讓他專心投入這些時間中，是非常重要的一件事。然而，寶寶在多數情況下專注的時間仍非常短暫，他仍完全無法對大人注意的焦點維持較長的專注力。因此，大人需要常常觀察寶寶凝視的方向，盡量跟寶寶談論這個視覺焦點。

寶寶引導大人注意力的能力同時也在持續發展。十二個月大的寶寶會指著某物然後看向大人，十四個月大時進展到同時指著物品並看著大人，到了十六個月大時，寶寶可能會先看大人然後才指向某物，好確定自己指物時大人有注意他！

聽力

寶寶會長時間地密切聆聽人們講話，當爸爸把鑰匙插進門鎖，或鄰居孩子的聲音，都可能讓他非常興奮！他會以臉部表情與身體語言，清楚表達他覺得這些新詞彙很有趣。現在有人跟他說話時，他也不會這麼容易分心了。

寶寶很有興趣聽自己所發出的聲音，他的語音系統正快速與周遭所聽見的語言一致，正是因爲他能比較自己發出的聲音與聽見別人所發出的聲音之間的差異。

這樣和寶寶玩遊戲

這個階段的寶寶忙著繼續探索，以釐清世界是怎麼運作的。他們以好幾種方式進行這種探索，如研究型遊戲、互動遊戲及現階段出現的象徵型及假想遊戲——通常涉及與他人互動的活動。

寶寶新的操作技能與對身體持續增加的控制力，都有助於他們的研究活動，而且他們現在可從任何情境與材料中學到新知識。他們所有的經驗都有助於持續發展對環境的理解並形成更多新概念，如粗糙與平滑、大與小等。這些對於有意義地使用語言極爲重要。

寶寶在這個階段有獨自玩耍的時間，並有機會釐清一些事情固然重要，但有大人的參與也很重要。**敏銳度高，知道什麼時候該參與並協助、什麼時候該讓寶寶獨自探索的大人，對寶寶的幫助最大**。大人展示給寶寶看能做些什麼事，也有助於寶寶假想遊戲的發展。當然，所有遊戲都能配合合適的語言輸入，更能加強效益。

研究型遊戲

寶寶手部的靈活度使他們在這個階段能更精細地研究玩具。剛開始，寶寶是以搖晃、敲擊與嚐味道的方式，試圖了解物品的基本屬性如尺寸、形狀與質地。雖然寶寶現階段仍大量觀察與觸摸物品，但他們增長的智力及較純熟的手部與身體控制力，使他們得以進行更複雜且廣泛的研究。他們對組合與配對開始產生興趣，如把物品一個個疊起來，且會努力地操作簡單的形狀分類玩具。寶寶開始了解物品彼此的關係，他們仍喜歡把物品放進容器中再取出，或者把玩具分開，再放回去。這些活動對於寶寶形成「較大」「較小」或「裡面」「下面」等大小與方位的概念很有幫助。

寶寶在這個階段首度開始使用工具，他們可妥善操作木釘與鎚子等玩具，這可協助寶寶開始發展粗淺的因果觀念，以上述情況來說，他學會了敲打木釘可讓它們往下移動。

寶寶開始能操作拖曳玩具，而且非常樂在其中。玩水也成為寶寶愉悅的來源，這是絕佳的語言輸入時機，能帶入許多很棒的相關詞彙如「嘩啦」「滴答」與「劈哩啪啦」等。寶寶可藉由玩水學到許多觀念如「輕」與「重」、「浮」與「沉」、「滿」與「空」等。

寶寶開始以較合宜的方式看書，他會眞的打開書看圖片，不像先前一樣啃咬或撕毀書本。

寶寶仍喜愛能發出聲響的玩具，如音樂盒、鈸，或嘎吱作響的擠壓玩具。不過，有些玩具尤其是電子玩具，常發出足以傷害寶寶聽力的高分貝聲響，給寶寶玩之前請務必先行檢查。

寶寶開始很想「幫忙」做家務，如掃地與除塵，好了解這些到底是怎麼一回事。這個年齡的寶寶很愛拿大人使用物品替代玩具，如電話，這些玩具能讓他們認識這些物品的用途爲何，也能讓寶寶展現其模仿技能。

互動型遊戲

寶寶仍非常喜愛童謠、手指謠與歌曲，尤其是音調簡單而熟悉、歌詞也與寶寶熟悉的人事物相關的，寶寶很喜歡頻繁地重複這些童謠。讓寶寶聽任何歌曲都可以，大部分語言中的傳統童謠，因爲通常節拍、節奏強烈、重複性高，對這個年齡層的寶寶有強大的吸引力。

互動型遊戲現在較常由寶寶發起。寶寶會清楚以身體語言表達他希望繼續玩下去，這些遊戲現在常涉及玩具與其他物品，例如把積木放入桶內再取出、丟擲遊戲、郵筒遊戲、套環遊戲都很適合輪流進行。這些基本的輪流活動將很快擴展爲假想遊戲，如互相揮手道別，通常是由父母模仿寶寶開始，然後再發展爲輪流遊戲。寶寶現在會清楚與夥伴進行輪替，他先完成自己的部分，然後等候大人完成他那部分。當大人爲遊戲加入變化，如拍拍娃娃的背時，寶寶也能成功模仿這些新動作。這類伴隨語言的遊戲，極有助於寶寶發掘如何運用語言來完成事情、理解動作與事件的意義，並加強他的互動技能。

假想遊戲

幼兒先從表演簡單的熟悉日常例行活動開始，然後很快把玩具帶進遊戲中，如假裝以玩具杯喝飲料，接著以相同的玩具杯讓娃娃或泰迪熊喝飲料。在假想遊戲的早期階段，寶寶是主動的那方，而泰迪熊或娃娃是接受寶寶動作的被動方，如娃娃接受了寶寶短暫的擁抱。不過泰迪熊或娃娃會逐漸開始「演出」，例如泰迪熊以後會把杯子遞回來。寶寶喜歡大人加入他的假想遊戲，例如給媽媽玩偶讓她抱抱，或者假裝在午茶派對中餵媽媽吃東西。

寶寶十五個月大時，會用比較不像眞實物品的東西來代替眞實物品，如把盒子當作娃娃的床，或拿積木當三明治。這個年齡的寶寶會開始連結一項以上的物品，如把娃娃放在床上，或蓋上床罩。

大人參與假想遊戲能使寶寶嘗試更多不同的遊戲，並把大人所示範的動作融入他們的延伸遊戲中。

電腦、電視與影片

這個時期請先不要給寶寶玩電腦遊戲。軟體製造商把五歲以下的幼兒視爲市場潛力族群，甚至有針對九個月大的寶寶開發的程式。年紀很小的幼兒使用電腦的顧慮在於它跟電視與影片一樣，有吸引孩子的相仿特質，幼兒確實有獨自玩這些東西好幾個小時的風險。這個年紀的孩子需要的是互動與探索，他們以後接觸電腦的機會還很多，**晚一點開始用電腦，並不會使他們比寶寶時期就開始用電腦的孩子屈居劣勢，但後者卻會因此錯失寶貴的遊戲與互動時間**。

此外，有很多針對幼兒製作的電視節目與影片，這個年紀的寶寶可能會開始覺得這些節目很有趣，父母如何正確運用這些媒介極為重要。

以下玩具與遊戲器材可滿足寶寶這時期對研究型、互動型與假想遊戲的需求。寶寶這時期逐漸建立起自己的遊戲模式，他將以不同方式玩這些玩具，未來也將以不同方式運用這些玩具。

當你考慮什麼玩具該納入假想遊戲時，如玩娃娃與讓寶寶模仿你活動的玩具等，請確認這些玩具是否能代表現實狀況，例如：會講話的小火車與飛天汽車以後或許會帶給寶寶許多樂趣，但現階段寶寶正在探索這個世界與學習其運作方式，這類玩具可能會造成混淆。我記得很小的時候聽過一小段有關火星人的廣播劇，多年後我才知道火星上沒有人居住。

本書將建議的玩具分為研究型與假想遊戲兩種，但任何玩具都可以成為互動型遊戲的焦點，而且孩子會用你不曾想過的方式來玩這些玩具。

許多適合這個年齡族群的玩具，可以用非常低的成本在家自製。例如，你和孩子可用紙盒和小毛巾作為寶寶的床鋪與床上用品；蓋子有洞的盒子或紙筒，可把玩具投遞進去；錫盒等容器可搭配線軸玩取出及放入；紙和盒子在這個時期仍能帶來許多樂趣。你也可把米粒或豆子裝入容器，製作很棒的聲響玩具。

研究型遊戲

★寶寶可推行的玩具，如學步車或小卡車
★寶寶可拖曳的玩具，如繩繫小鴨
★粗蠟筆
★簡單的形狀分類玩具
★木樁人船型玩具
★新的聲響玩具，如鼓、木琴、沙鈴或擠壓玩具
★簡易郵筒
★木釘和鎚子玩具

假想遊戲

★玩具電話
★簡單的大娃娃與泰迪熊，有床上用品與娃娃衣物
★簡單的火車
★飛機
★烹飪用具
★家務用品玩具，如畚箕與毛刷或掃把。

請限制孩子看影片的時間，一天最多半小時。寶寶需要大量時間與人互動，並藉遊戲來學習。這個時期是寶寶學習速度飛躍的黃金時間，現階段若未加以把握，則機會一去不復返。電視因爲色彩鮮豔、畫面快速所以很吸引人，如果不受限制，寶寶和幼兒可以很長時間地盯著電視看。我見過一些一天看電視超過六小時的孩子，他們的語言技巧不僅嚴重落後，更重要的是互動技能、遊戲能力與對世界的理解也是如此，是一群可憐又思緒混淆的小朋友。

寶寶的閱讀在這個時期最重要的層面，是感覺與人共享書本是很舒服的互動經驗。你現在可以建立起讓他終身受益、喜愛閱讀的基礎。讓寶寶坐在你的腿上，這樣你們可以緊靠著一起看圖片。此時你對寶寶的興趣必然高過對書本的興趣，不要忘了讓寶寶知道這一點。

現階段最好的書籍應該是色彩鮮豔、有寶寶熟悉物品的圖片，寶寶生活中真實人物的照片現在最適合他看。（從雜誌上剪下圖片製作成小書也很有趣。）他喜歡看圖片中的小細節，所以現階段的書可以比早期的書更複雜或有更多複雜的背景。寶寶會很喜歡現階段為小朋友設計、材質不同的玩具書，他喜歡用手去觸摸，有些甚至可按壓並搭配圖片發出聲響，他會很著迷地發現圖上的鴨子真的會呱呱叫。

到了本時期中段時，寶寶已經會幫你翻頁，也能清楚表達自己喜歡哪些圖片，他會拍打圖片、對它們說話。如果他已對某圖片失去興趣，不要試圖延長他的注意力，請跟隨孩子的引導。適合這個年齡的推薦書目如下：

★《母雞蘿絲去散步》（*Rosie's Walk*），佩特・哈金森（Pat Hutchins）著。

★《小波在哪裡？》（*Where's Spot?*），艾瑞克・希爾（Eric Hill）著。

★《好餓的毛毛蟲》（*The Very Hungry Caterpillar*），艾瑞・卡爾（Eric Carle）著。

★《威比豬生活圖畫書》（*Wibbly Pig*），米克・英克潘（Mick Inkpen）著。

你可與寶寶一起看電視，把這個經驗轉化爲互動形式，然後把他看到的東西變得有意義。舉例來說，觀看童謠影片時，如果你和寶寶一起做動作，他會感覺很有趣。電視內容應與寶寶所能理解的世界有關。許多爲年紀較大的兒童所設計的節目，如《湯瑪士小火車》《企鵝家族》等是幻想型動畫，在影片中，交通工具與動物會做他們在現實生活中不會做的事，例如說話與飛翔，這對有充足世界經驗、了解這些是幻想故事的兒童來說或許非常有趣，但對這個階段的寶寶而言卻可能造成混淆。畢竟寶寶才正在學習人、動物與非生物實際上能做些什麼。

不要誤入陷阱，以爲電視可以幫助孩子理解詞彙，事實並非如此。寶寶和幼兒將完全著迷於電視鮮豔的聲光效果，卻不會經由聲音學到任何事。有個實驗研究觀察長時間看德文電視的孩

子，結果發現孩子完全沒學會任何德文。研究也發現，父母失聰而聽力正常的孩子，並未從電視學會任何語言，反而從父母那裡學會了手語。

當然，你有時可能迫切需要短暫的休息，而電視確實可以讓你喘一口氣。不過請認清這個事實：**讓寶寶看電視，從中受益的只有你而已！**

寶貝觀察紀錄

寶寶十六個月大時的表現：

★使用六到八個可辨識的詞彙。

★充滿興趣地看圖畫書。

★用手勢表達自己想要什麼。

★聽到熟悉的人或物名稱時會望向他們。

媽咪要注意

寶寶滿十六個月大時，如果有以下情形，請尋求專業意見：

★寶寶從未與你輪流發出聲音。

★寶寶聽到簡易的問題，如「你的帽子在哪裡？」時，不會看往正確的方向。

★寶寶並未發出許多不同的聲音，聽起來像在講話一樣。

★寶寶對於主動跟你玩「做蛋糕」等遊戲不感興趣。

★寶寶從未專注於任何事超過幾秒鐘。

兒語潛能開發這樣做

這個每天一對一的遊戲時間，仍是寶寶語言學習的最佳情境，對寶寶的情緒發展同樣極爲重要。**沒有什麼事情，比確知自己每天都將得到喜愛的大人全然的注意力，更能帶給幼兒信心。**如果你不只一個孩子，應該更能感受到他們對這種注意力的強烈渴求。

娜塔莎兩歲半時被帶來我這裡，因爲她當時只會說三個詞語。她顯然是個聰明的孩子，立即以富建設性的方式玩玩具，忙著幫泰迪熊準備午餐。不過當我靠近她時，她完全忽視我，讓我深覺自己被她視爲一種干擾。她的母親表示，娜塔莎向來偏好獨自遊戲。

我們爲娜塔莎與她母親設定了每日的遊戲時間，她母親遵照兒語潛能開發的原則，尤其是跟隨娜塔莎的注意焦點，避免以任何方式指示她遊戲。娜塔莎很快開始覺得母親的存在讓她的遊戲更有趣。看到娜塔莎與母親都更愉快地互動很令人欣慰。娜塔莎的語言技能很快就趕上來，後來更超越她的年齡程度。

寶寶和幼兒跟大人一樣個性各有不同，包括對互動的渴望。忙碌的家庭很容易發生這種事：**當父母看到孩子似乎能長時間地滿足於獨自活動，而不需要大人關注時，通常會感覺再欣慰不過**

了。悲哀的是，這種情形的後果是孩子到了兩歲左右還不會說話，父母這才發現有異。

一對一遊戲時間，環境一定要安靜

我們已知道這個年紀的寶寶學會了專注於前景音，並過濾掉背景音的能力。然而，這個能力還很新且尚未穩固，如果大人未悉心培養，寶寶將喪失這個能力。而且寶寶僅能在安靜的環境中才能發揮這個能力，因此遊戲時間中安靜的背景仍是最重要的事。

安靜的環境仍然極為重要。

寶寶這個時期的遊戲，比稍早的年齡涉及更多遊戲器材，這些器材將帶給寶寶同時發展探索型、互動型與假想遊戲的機會。寶寶的注意力多數時間仍非常短暫，因此遊戲空間有許多不同物品是很好的安排，請確認這些玩具包含所有能鼓勵寶寶不同遊戲方式的器材。

你可以坐在地板上與寶寶的臉保持相同高度，玩具放在你們都可輕易取得的範圍內，這樣一來你可較輕鬆地與寶寶建立共享注意力。

寶寶現在可能在房間內到處移動，你就跟著他移動。你要靠近他，他才能清楚聽見你說的每句話與發出的所有聲音。

如何跟寶寶說話

寶寶在這個時期對詞彙的理解大幅增加，我們可以做很多事來幫助寶寶：

★跟隨寶寶的注意焦點

大量研究證據顯示，大人與寶寶共享注意力的程度越高，寶寶的詞彙越廣、句構也更複雜。以下是針對兩種不同情況的比較：

1. 大人試圖指示孩子的注意力至大人所選的物品與活動上。
2. 大人跟隨寶寶的凝視方向並談論該焦點。

研究發現，相較於前者，後者所使用的詞彙較易爲寶寶理解。如果大人能跟隨寶寶的注意焦點，寶寶即能以驚人的速度連結詞彙與意義。

小小孩就是喜歡我們這麼做。大人不也是喜歡自己喜愛的人，對我們感興趣的事表現出眞正的興趣嗎？你只要針對寶寶感興趣的事物發言即可，完全不需問問題或指示寶寶。問題會讓寶寶陷入試圖想出答案的困境，而指示寶寶意味著他必須決定是否要遵從大人的指示，這兩種情形都會干擾寶寶傾聽，相反的，隨著寶寶的注意焦點做出評論只會增加寶寶的樂趣，不會造成任何溝通的壓力。

問題與指示都會干擾寶寶傾聽。

你越清楚知道寶寶心裡在想什麼，就越能幫忙他。若寶寶對某物可能感興趣，希望知道該物的名稱，你在他看圖片時可以說「這是小雞」，同時配合發出小雞的聲音如「吱吱」，寶寶也會很開心。寶寶可能對正發生的事感興趣，如積木倒下時你可以說「全都倒了」，小汽車撞在一起時你可以說「砰」。知道什麼時候該說些什麼通常並不困難，你其實正在跟一個很能幹的溝通者互動。

我看過許多過去大量接受大人指示的孩子，他們在我接近他們一起遊戲時，會轉身背向我，而且不管我多麼有心機地想辦法與他們面對面，他們總能技巧高超地避開我。但在半小時內，孩子發現我是跟隨他們的注意力焦點，爲他們說出物品名稱或配合發出聲音（如他們拿起小汽車時我就說「ㄅㄨㄅㄨ」），來強化他們的遊戲樂趣時，就會乖乖轉過來。每次遇到這種狀況都讓我覺得既有趣又開心。

★協助寶寶享受傾聽的樂趣

爲寶寶準備聲響玩具，好讓他在安靜的環境中享受傾聽這些聲音的樂趣。把握機會讓寶寶觀察聲音從何而來，例如從書本發出的聲響。寶寶在房間內移動時，你同樣可抓住機會展示給他看什麼物品會發出什麼聲音。例如，寶寶感興趣的話，你可用指甲在窗戶上輕敲，或以手指劃過百葉窗葉片。

繼續讓寶寶覺得傾聽是件愉快的事。

當寶寶期待地看著你，表示輪到你發起活動時，就是進行童謠活動的好時機。請繼續進行輪流遊戲，如躲貓貓與拍拍手等，寶寶仍很喜愛這些遊戲，它們是未來眞實對話技巧的重要前導活動。

★協助寶寶破解語言密碼

你從前會調整自己的口語，以協助寶寶專注在你說的話上，現在更應該這麼做，對於寶寶理解詞彙很有幫助。

★使用簡單的短句

對寶寶說包含一個以上重要單詞的短句也很重要，記得不要只說單詞。例如你可以說：「這是泰迪熊」「你的鴨子」「另一輛汽車」「娃娃來了」。請務必在這個階段帶入物品的名稱，不要只說「在那裡」。物品名稱是寶寶現階段學習的要點。如果寶寶的興趣焦點是正在發生的事，我們可以說：「它撞到了」「他們倒下來了」。把重音輕輕放在重要的單詞上，可協助寶寶辨識它。不過，小心不要扭曲你的語言，一定要保持自然，而且你說的短句一定要合乎語法。我們不會說「它車」，而會說「它是一輛車」。在短句間稍作停頓，讓寶寶有時間吸收。

伊絲拉的母親常跟她說話，但她說的句子是類似這種：「我們該去商店了。我在想我們應該現在買麵包還是稍後再買。」而伊絲拉在這個階段只認得自己的名字、「爸爸」和「不要」。她的母親了解短句的重要性，並開始用短句說話後，伊絲拉便飛快地學會許多詞語的意思。

句子一定要符合語法。

研究顯示，這個時期母親對孩子使用的句子越簡單，孩子以後說的句子的長度增加得越快。

★講話時速度稍微放慢、音量稍大且語調起伏

當你這樣對寶寶說話時，寶寶會專心地聆聽。這種說話方式也能讓寶寶有機會聽清楚哪些語音出現在哪些詞語裡。

★大量重複對寶寶說的話

試想你正試著學外語的情形，你難道不想一再重複聽到相同的詞彙好記住它們嗎？寶寶也一樣。他現在的詞彙庫已包含多數母語的語音，但這些語音尚未被使用在正確的詞語上，主要是因為他不記得哪些語音該在哪裡，唯一的方式是重複讓寶寶聽相同的詞語，讓寶寶在許多不同的情境下聽到詞語，他會發現自己的帽子不管是戴在頭上、放在地板上或塞在媽媽的手提袋裡，永遠都叫作「帽子」。

只要寶寶的興趣聚焦在某事上，就把物品的名稱帶進一連串的短句裡。例如，寶寶撿起一個球來玩，你可以說：「這是球。你的球。球在滾了。」做某事時一面說出名稱的例行活動也很有意思，如邊幫寶寶脫衣服時邊說：「襪子脫掉、鞋子脫掉、手套脫掉」。邊玩邊說：「強尼跳、媽媽跳、爸爸跳」等遊戲也是如此。第一次說出某關鍵名稱時，稍微把重音放在上面，好讓寶寶能清楚辨別該名稱。

寶寶需要聽到詞語許多次才能學會它們。

★模仿寶寶的聲音說給他聽

寶寶母語中所有的語音都已進入他的發聲系統，這讓寶寶得以比較自己與你的發音。沒有什麼比這種方式更能鼓勵「對話」，尤其是針對仍不會說話的寶寶。隨著寶寶的發聲比過去多，模仿寶寶的聲音給他聽的形式可以稍微複雜一些，如果寶寶說出一長串的聲音，試著模仿最後幾個音節給他聽，寶寶會很喜歡你這麼做，也可能發出更多聲音來回應你。

★持續配合發生的事發出擬聲詞

發出「嘟嘟」「喔咿喔咿」「隆隆」等聲音來配合汽車、消防車與飛機等交通工具，或在掃地時發出「唰唰」聲等，這些聲音可以讓寶寶感受到傾聽聲音是很有趣的重要訊息，並給他機會聆聽個別的語音。寶寶仍很喜歡你把他抱起時說：「抱起來了小寶寶」，或在上階梯時說：「咚咚上樓囉」等短語。你可以從寶寶的表情看出他多麼喜歡這些話，即使他累了或不太開心，仍會仔細聆聽。

擬聲詞能傳達聲音很有趣的訊息。

★回應寶寶想表達的意思

寶寶現在已經可以運用幾個詞語，但請不要強迫他這麼做。重要的是，**不管寶寶以什麼方式試圖告訴你什麼，一定要回應寶寶想表達的意思**。寶寶現在能嫻熟地運用肢體語言、臉部表情、手勢，甚至比手畫腳來表達自己，所以了解他的意思並不困難。研究發現，父母做到這點——注意寶寶不管以何種方式表達的意圖——跟孩子的語言發展程度有很大的關聯。

★讓寶寶知道你是什麼意思

寶寶必須釐清在好幾個詞語中的哪一個詞，代表某特定物品或事件，因此如果我們在提到某物品的名稱時，順便指出該物，對他會大有幫助。例如，如果寶寶看著鴨子，我們就說：「這是鴨子」，順便指向鴨子的方向，這樣可以避免孩子將物品與名稱做錯誤的連結。

說出物品名稱時順道指給寶寶看。

你可運用臉部表情和肢體語言，協助寶寶理解詞彙，帶給寶寶許多有關感覺與態度的資訊。

請你不要這樣做！

因為寶寶此時變得很有行動力，想要探索並研究所有的東西，包括插座、燈具、珍貴的裝飾品等，所以你很容易脫口而出「不可以」「不要碰」「停」「把那個放下來」等，盡量不要這麼說，**盡可能避免對寶寶使用負面的語言**。你花了許多時間與心力傳達給寶寶，聽聲音是很有趣的訊息，但沒有人喜歡聽負面的話，可以的話盡量改以肢體阻擋寶寶，或分散其注意力。（請不要誤解我是在鼓勵父母放任孩子做任何他想做的事，我所顧慮的是你阻止他的方式。）

保持語言的正面性，不要說負面語言。

寶寶很可能在這個時期吐出神奇而美妙的幾個字，**請忍住喜悅，不要叫寶寶「說給爸爸聽」「說給奶奶聽」「說給阿姨聽」或說給任何人聽**。寶寶了解許多溝通的本質，他們知道這麼做並非正常溝通，只會讓他們忸怩不安，然後形成阻礙。你可以在寶寶沒聽到的時候，在電話裡向別人表達這分喜悅，別在他面前評論他說了什麼、說得怎樣，但一定要回應他溝通的意思。

不要評論寶寶說了什麼或說得怎樣。

我看過很多孩子原先已開始說話，但因爲家人太過熱切，反而使寶寶長達六個月，甚至更長時間不再說話。

永遠不要要求寶寶說或模仿詞語及任何聲音，我們的職責是用最合宜的方式跟寶寶說話，如果我們這樣做，寶寶自然會開口說。

如何問寶寶問題

大人常對這個年齡的寶寶問問題，這些問題通常有兩個目的，一是獲取資訊，如「你想要蘋果嗎？」二是要孩子回答，如「這是什麼？」

你可以問第一種問題，但不要問第二種。原因是前者是因爲大人眞的不知道答案的眞實溝通狀況，即使很年幼的孩子也知道這點。第二種問題則與溝通無關，實則爲一種測驗。**如果寶寶已經知道答案，問這種問題並不會增加他的知識；如果他不知道答案，這麼問只會讓寶寶覺得難過，可能嚴重妨礙他的溝通**。我曾在診間看過一個小男孩，他除了「這是什麼？」以外什麼也不會說。我們不難推敲出他平常一直反覆聽到這句話。

不要問問題來測驗寶寶。

寶寶在這個年齡時，應該禁止問他「這是什麼？」，未來好一段時間也不要這麼問！（除非你真的不知道，但這也太詭異！）寶寶年紀較大時，有技巧的發問可幫助他思考並釐清問題，也是把對話的發言權轉移到他身上的方式，但此時的寶寶離那個階段還很遠。

跟寶寶獨處半小時以外的時間，你可以做什麼？

你很忙，但又想與寶寶保持接觸時，可持續以「實況報導」的方式跟寶寶說話，並且對他指出有趣的物品與事件。但記得跟寶寶說話時，多數時間請保持句子的簡短。你越能調整自己的口語，對寶寶的語言學習越有利。這個階段如果有家族成員的協助，對寶寶將很有益處。

階段6

第十六至二十個月

給予寶寶全心的關注，是送他最好的禮物

這是一個令人興奮的時期，寶寶從嬰兒期進入充滿自信的幼兒世界，這期間會發生許多戲劇性的變化。

寶寶十六個月大時，已成爲一個能與你共享生活例行活動的小小人兒。他多數時間都能睡過夜，白天大約只睡一至兩次。用餐時間變得較規律，雖然在剛起床與入睡前還是想抱著奶瓶喝奶，不過用杯子喝東西的技巧也變得較純熟。他可能開始在寶寶椅上坐不住了，也想跟大人一樣坐在一般的椅子上。

寶寶想對生活有多一點控制，會想主導遊戲。例如，當你們去散步時，雖然主要是由你來推嬰兒車，但他一定會表現出厭煩，而熱切地想跟你輪流推推車。他很喜歡爬上各種物品，如：沙發、床鋪，以及任何他碰得到的東西，因此很容易惹出麻煩。

寶寶的第十七至十八個月

語言發展

這個時期開始時，寶寶可能會辨認許多日常物品的名稱，如家具與衣物，接著他可能跨出重大的一步，開始遵從兩個重要詞語以上的短句，如「你的杯子在廚房」或「我們找到泰迪熊給爸爸」。你會發現自己自然而然地在口語中輕輕強調重要的詞語，這麼做有助於寶寶注意這些詞語，但不要過分強調重音，因爲這樣會扭曲句子的節奏。

寶寶開始能適當地回應周遭發生的事：你準備外出時，他就去拿鞋；你煮東西時他安坐在椅子上。他現在開始能連結類別與相關詞彙，例如他知道背心是一種衣物，跟上衣和襪子屬於同一個類別。

寶寶會看向正確的方向回應簡單的問題，如「泰迪熊在哪裡？」但他僅能在熟悉的情境辨識出部分詞彙，例如他自己的碗在視線範圍內時，才會張望著找碗。

寶寶十七個月大時，感覺上似乎每天都多懂一些新詞彙，尤其是身體部位、衣物或動物的名稱。他對你運用語言的方式逐漸發展出強烈的感受，也能合宜地回應問題、評論或命令，如「想要蘋果嗎？」「有一隻貓咪」或「去拿你的鞋」等。他現在也能理解名稱以外的詞彙，並懂得一些簡單的動詞，如「坐下」和「到這裡來」。另外，寶寶對自己身爲獨立個體的意識提升，並展現在他對「你」「我」「我的」等代名詞的理解上。

寶寶現在不僅對詞語，對於包含兩個重要詞語的短句或短語的理解能力也隨之增加。他現在可以遵從一些短指令如「去你的房間拿外套」或「拿你的球給強尼」，甚至可能同時把你要求的兩項物品帶來，如「給我梳子和湯匙」，但只限於他願意配合的時候。

看著寶寶在這個階段進步如此神速，很多父母會很興奮並急切地想炫耀，但如果寶寶在別人面前表現得不如在你面前的樣子，也不用太過失望，這是正常現象。

寶寶牙牙學語所發出的聲音已包含相當廣泛的語音、音高與聲調模式。他眞正會講的詞彙僅有六至七個，但口語字彙將逐步且穩定地增長。多數寶寶到了至少二十個月大時，口語字彙才會快速增加。但在這個時期，寶寶字彙的運用感覺上似乎落後於他們的理解程度。不要急！這再正常不過了，他的口語很快就會趕上來。

寶寶早期的詞彙通常是他們感興趣的人與物的名稱。他們很喜歡參與別人的對話或與人社交，所以常很快地學會「哈囉」和「拜拜」等話。寶寶最喜歡的詞語還包括伴隨著熟悉動作的詞彙，如「抱起來」，但他現階段所用的詞語，一般都還受限於自己熟悉的特定情境，如「泰迪熊」指的可能是他自己的泰迪熊。而且只要寶寶對某事感興趣，詞語的長短反而不是學會說的關鍵因素。

寶寶此時會表達的有限詞彙，必須加倍發揮功能，如以「喵」代表貓咪，「瓶」代表奶瓶等。當寶寶不知道某物品的正確說法時，他會聰明地以自己覺得相關的詞語來代替，例如以「球」表示所有圓形的東西，包括月亮、輪子，甚至是茶包。這些早期的詞語必須表達相當廣泛的意圖。「汽車」可以代表「我想要汽車」「那是我的汽車」，甚至「我不喜歡那輛汽車！」寶寶會用臉部表情和肢體語言清楚表達他的意思。

寶寶現在可以跟隨參與者輪流發言兩次的互動對話。例如，他說：「汽車」，你回答：「這是你的汽車」，接著他可能說：「ㄅㄨㄅㄨ」，你可能回答：「這是你的汽車」。他可能邊推著小汽車邊說：「ㄅㄨㄅㄨ」，撞上某物時等著你說：「砰」。

寶寶到了十八個月大時，會學到更多關於物品、事件或人物的抽象概念，例如理解泛稱的狗或「購物」是什麼意思。因此，他的用語由特定事物轉移到普遍性的事物上：「狗」現在可以代表所有的狗，不僅只是家裡的寵物。在某種程度上，這是造成口語詞彙快速發展的原因，尤其是詞彙現在已被當作象徵符號使用。

整體發展

寶寶語言發展的關鍵因素，在於他的智能、活動能力與手部靈巧度不斷提升他對周遭世界的理解。這個年齡最重要的智能發展，是他所理解的概念快速增長。這些概念一開始很廣泛，如四隻腳的動物，然後逐漸變得精細，他開始了解鳥、魚、狗和貓等種類，最後才是個別的動物。

寶寶會非常熟練地到處移動、拿起並操作他感興趣的物品。這些活動隨著他探索世界的同時，能幫助他對於概念的理解。例如，除非他試著去拿很重的物品，否則很難理解「重」的概念。

寶寶手眼協調能力增加，例如，他可以把積木裝滿某容器然後清空，也能用鉛筆或蠟筆有目的地塗寫或點畫，然後興致高昂地檢視自己的成果。他會推或拉著大型玩具與交通工具到處走，因此得以更準確地判斷物品的尺寸與方位。他現在比較有興趣完成自己開始的活動，如把自己所有的交通工具都停放在一處，或把全部的積木放進玩具卡車裡。

寶寶到處移動的能力增長也有助於他探索世界。他現在可以在不需輔助的情形下跪坐，上身挺直，也能自己坐進小椅子裡。他兩腳寬闊地自信行走，喜歡推手推車。他可以把椅子推到某處好爬上去拿玩具。如果你牽他的手，他可以走上樓梯幾步。他喜歡踢球的動作，但現在只能做到走去用腳碰球。

如果你看到寶寶大量模仿不要太過驚訝，他一方面是想知道，做做看你所做的事會是什麼感覺，一方面也想知道別人跟自己有什麼不同和相似之處。他喜歡邀請別人加入他的遊戲，也會把玩具遞給你邀你加入。

注意力

現階段的寶寶要控制自己的專注力仍很困難，所以仍會快速變換注意焦點，這種注意力分散的情形，與他對自己感興趣的事物全神貫注的情形互相穿插。寶寶不那麼全神貫注時，可能會興致勃勃地跟隨你的注意焦點，但他專注在某事上時，可能根本聽不見你對他說話。

聽力

寶寶現在可以定位出來自多個方向的聲音，這對於建立聲音與來源的連結有極大幫助。他現在已可掃描環境中的聲音，選擇他想聽的聲音，然後專注在上面稍微久一點，並過濾掉背景音，但這個能力仍不穩固，需要環境配合。

寶寶的感覺統合——同時看與聽的能力——也正在發展，但僅在特定情況下才能展現：周遭

沒有干擾，看和聽的是同一件事，而且是他所選的注意焦點。

寶寶對於傾聽語言越來越感興趣，聽其他人說話時也比較不容易分心了，有時甚至會重複聽到句子的最後一個字。

寶寶的第十九至二十個月

語言發展

如果有環境的配合，寶寶每天能辨認多達九個新詞語！

到了二十個月大的時候，他已經可以開始理解，熟悉字句及慣用語在熟悉環境外的意思。例如，不僅在自己家裡，若在鄰居家聽到「茶準備好了」也會有反應。他開始理解許多字句可以代表不在場的人或物，所以雖然奶奶沒有來家裡，但他聽到「奶奶在哪裡？」的熟悉語句時也能加以回應。換句話說，他現在已眞正開始理解口語，在沒有熟悉情境的輔助下，也能辨識某詞語的意思。

寶寶開始能辨認一些模型物品的名稱，如玩具汽車或娃娃屋的家具等。他現在可以看圖片長達兩分鐘，聽到名稱時也會指出身體部位與衣物等。透過重複經驗，如去商店或洗澡時間所學到的事件順序，對他幫助極大。例如，寶寶洗完澡出來，知道下一件事是擦乾身體，此時聽到「這是擦乾你的毛巾」時，會比較容易推斷「毛巾」是什麼意思。

寶寶現在也更能熟練地使用非語言的提示，如手勢、情境，以及你眼神發出的信號，來協助自己理解某詞語所指稱的事物，也能相當細膩地推斷你感興趣的物品爲何。

寶寶的語言伴隨著理解力一起發展，但仍落後其理解力。大部分這個年紀的寶寶多數時間仍以各種聲音、音高及語調模式來發聲，而且每個寶寶所用的詞彙數量可能有極大差異。在本時期結束前，有些寶寶僅能使用九至十個詞彙，而一些寶寶則能有意義地使用多達五十詞彙。

有些寶寶約二十個月大時，詞彙能力突然大增，這些詞語多數仍是家族成員、寵物、喜愛的玩具、「再見」等動作詞語，或警報聲等環境聲音。然而，他現在可用口語來回應口語，例如別人要他說「再見」時，他就會這麼說，而在本時期剛開始時，他只會以簡單的聲音或手勢來回應，漸漸地，手勢開始變得較不重要，詞語則慢慢成爲溝通的主要媒介。二十個月大時，經歷詞彙急速擴增的寶寶，現在所使用的詞彙形式已相當廣泛，包括「喝」等動詞、「大」與「小」等形容詞，也能以口語回答口語，並回答簡單的問題如「你要蘋果嗎？」

寶寶此時的詞彙仍用來表達相當廣泛的意義與目的，所以「把拔」可能代表「抱我起來，爸爸」「過來這裡，爸爸」「爸爸的汽車」或「輪到爸爸了」。不過隨著所學的詞彙量增加，這些過度延伸的用語將逐漸減少。寶寶用來稱呼所有四腳動物的詞彙，也將爲各種不同的動物名稱取代。

寶寶二十個月大時，口語詞彙約可達五十個，現在已開始把兩個詞語結合在一起——當然他們仍會持續使用單詞好一陣子。你可能會在此時期聽到寶寶說出他第一個句子，這確實是令人興奮的重大階段。寶寶第一個眞正與其他詞語連結的詞語，通常是「不見了」與「還要」，如「媽咪不見了」「還要喝」，但最早的雙詞結合，通常是兩個完全獨立的詞語連在一起，如「我車子」，代表「我要那輛車子」。當然字的順序也可能不正確。我女兒在這個階段想要我看什麼東西時，會堅定地說：「媽媽看」。這些早期的雙字（詞）句子通常有好幾種意思。「瑪麗帽子」可能代表「我要我的帽子」「把我的帽子給我」，甚至是「我不喜歡我的帽子」。所以雖然寶寶已用句子說話，但仍需要成人的解讀。

這個年齡的寶寶對模仿很感興趣，多數寶寶會模仿兩個詞語的句子，也會持續模仿環境的聲音，如消防車經過時的「喔咿」或看到狗時說「汪汪」。

寶寶的發音在這個階段仍未成熟，所以驕傲的父母常發現，自己是唯一聽懂寶寶說話的人，主要是因爲寶寶還沒牢記哪些聲音出現在哪些詞語裡，還有一些語音需要非常精細的唇舌配合才能發出音來，寶寶只有大量比較自己發出的聲音與聽到的聲音，才能使語音系統與周遭聲音一致。

整體發展

寶寶此時可以轉開蓋子、打開門，同時翻好幾頁的書、堆疊三塊積木的小塔或火車。他可以把六個玩具木樁放進洞孔裡，也能把正方形與圓形塞進形狀板中。他喜歡把兩個相似的物品配對在一起，例如把兩輛相同的汽車放在一起。他現在也可以丟球，雖然球可能丟錯方向。

他對身體的控制力增加了，現在可以安全地開始並停止行走，也可以蹲下撿起玩具，或爬到大椅子上轉身坐下。他對自己的身體大小與空間的比對有比較清楚的認識，也知道自己是否能進得去某個箱子裡。

在社交方面，他看到成人做什麼都想模仿，喜歡假裝看書、泡茶，以及所有他觀察到身邊發生的所有事。他充滿好奇地想知道這些事是怎麼一回事，並抱著強烈的決心發掘這世界的一切。

注意力

就注意力而言，你不會覺得寶寶第十七個月與第十八個月，以及第十九個月與第二十個月之間有多大差別。現階段如果他全神貫注於某事，你仍無法把他的注意力轉移至他處。唯一可能發現的差異在於，寶寶十八個月大時，可以從較遠處準確定位你凝視的焦點，因此對於跟隨你的注意焦點更感興趣。

聽力

寶寶此時可能對傾聽別人說話展現出無比的興趣，因爲他覺得連結聲音與來源變得容易多了。

這樣和寶寶玩遊戲

研究型、互動型與假想遊戲都有助於寶寶更進一步探究世界如何運作。因爲寶寶的學習非常快速，提供他廣泛的玩具與情境很重要。他現階段喜歡獨自玩，也喜歡跟同伴一起玩，你應該對他在某特定時刻的需求保持敏銳，他通常會明顯的讓你知道他什麼時候希望你加入！

研究型遊戲

你會發現寶寶肢體的控制、手部的靈活度與手眼協調大幅成長，使他能進行大量有趣的探索。他現在能更準確地把事物連結在一起：他會仔細地把床單放在娃娃床上，也能以較複雜的方式連結物品的不同組件，例如把拼圖片放入簡單的拼圖板裡。他將學會如何疊積木以保持平衡、哪些拼圖太大或太小，以及把它們轉個方向就可以放進去。

寶寶現在會以物品原本所設定的用途來運用它們，例如敲鼓、推行交通工具。他現在玩遊戲時更堅持，也更靈巧了：可以搭起一座不會馬上傾倒的小積木塔，喜歡把東西配對並分類，並能從裝滿與清空容器得到極大的樂趣。我發現一件有趣的事：寶寶連結兩件物品的時期，跟開始連結兩個詞語的時間點差不多。

寶寶開始喜歡玩黏土，他的樂趣來自拍打、拉扯與扭轉黏土，而不是實際製作某物。相同的，他也喜歡坐在沙坑裡，尤其是如果有其他寶寶可以看的時候，但他其實還不會玩沙或堆沙。以彩色鉛筆或蠟筆塗寫仍是寶寶的最愛之一，尤其是他現在可以模仿垂直的筆劃。水仍是容易搞得亂七八糟但卻充滿樂趣的遊戲道具。任何發出高分貝聲響的玩具都能取悅他。他會急切地與你分享剛發現的新遊戲，這是和寶寶一起玩的絕佳時期。

互動型遊戲

寶寶過去幾個月來所學的互動型童謠和語言遊戲，目前在他的遊戲時間仍扮演舉足輕重的角色。不過他從前重視的固定、可預期的重複模式，現在則喜愛變化甚至刻意加入的混亂。如果你假裝弄錯了，他會覺得超級好笑。寶寶現在幾乎是與你平起平坐的夥伴了，事實上常由他來主導活動。例如，他很喜歡你們輪流變換角色的遊戲，像是躲貓貓、追與跑的遊戲。

寶寶很懂得以自己的方式玩這些不同的器具。如果你買了一個很棒的玩具，卻發現寶寶用它的方式跟你所想的完全不同，也不要覺得挫折。

假想遊戲：

雖然寶寶可象徵性地運用物品，例如推著箱子往前走，假裝是小汽車——擬真玩具仍能給他很多鼓舞。

- 餐具與仿真食物
- 玩具吸塵器
- 小型娃娃
- 娃娃的嬰兒車、床具、浴缸和毛巾
- 玩具交通工具

研究型遊戲：

- 可浮沉的物品、更多玩水的容器
- 簡單的拼圖板
- 螺絲玩具
- 不同高度的木樁與遊戲板
- 黏土

這些遊戲對於維持共享式注意力有絕佳作用，輪流模仿對方和臉部表情，以泰迪熊或其他軟質玩具來模仿動作更好。

寶寶小書架

寶寶現在很享受於把書打開與闔上的樂趣，並能協助你翻頁，同時看書裡的圖片。閱讀書籍是你們雙方享受互相依偎的絕佳互動時間，所以由他來主導，他想翻頁時就翻頁，給他充足的時間看他想看的東西。（記得要告訴他圖片是什麼意思，而不是問他問題！）他仍喜愛材質多變、會發出聲響，或有小驚喜的翻翻書。

為寶寶選書時請記得：

★書的內容應與他的日常經驗相關。

★寶寶喜歡簡單、鮮豔、有很多細節的圖片。圖片可以是寶寶正在進行的熟悉事物，而不必只限於物品。他會從含有熟悉事物的故事中學到很多事，如購物或去公園。許多含有兩個重要詞彙短句的故事，如「狗狗在叫。牠想吃晚餐。這是牠的晚餐。」此時都很適合他的理解程度。

★寶寶很喜歡重複的字句。

坊間有很多符合這些標準的好書，例如：《米飛兔》等書。

假想遊戲

寶寶現在喜歡模仿你與其他大人在做的事，雖然他也可能專注於短時間的單一動作，如推著掃把走，或假裝使用畚箕與刷子。不管是男孩或女孩，現在都喜歡玩小娃娃或動物玩偶，也喜歡餵食他們、幫他們洗澡，還有用嬰兒車帶他們出去散步。他會更頻繁地想讓其他人加入這些活動。寶寶有時候還會模仿你閱讀、寫字、烹飪與做許多其他事情，你的任何一個小癖好，都可能出現在他的模仿裡，實在很逗趣。

電視與影片

先前的年齡階段適用的三項重要原則，現在也同樣適用。

★不要讓寶寶一天看超過半小時的電視。目前他還有更需要做的事，例如遊戲、獲取真實經驗，還有最重要的——與人互動。看電視不會讓他得到這些。

★如果你很希望他去看某電視節目或影片，不要讓他獨自觀看，**跟寶寶一起看**，把看電視變成一個互動經驗。

★記得寶寶正在學習這個世界、物品的用途與人們做事的原因。他不知道火車實際上不會講話，而且很可能相信它們眞的有這個能力，這種影片或節目容易造成他的混淆！

許多影片在視覺上都非常吸引人，若置之不理，寶寶很可能一天看好幾個小時，我們見過很多這樣的寶寶，後果都很嚴重。

寶貝觀察紀錄

寶寶二十個月大時的表現：

★模仿消防車、飛機或動物等聲音。

★模仿短語如「來了」。

★在大人的要求下指向娃娃的頭髮、耳朵和鞋子。

★口語詞彙在十至五十個之間。

★模仿包含二至三個詞語的短句，或一些他聽到的聲音。

★理解一些非名稱的單詞意思，如「吃」「睡」。

★知道「你」和「我」是指什麼。

媽咪要注意

寶寶滿二十個月大時，如果有以下情形，請尋求專業意見：

★寶寶還未說出任何詞語。

★寶寶聽從「你的鞋子在廚房裡」之類的短句好像有困難。

★寶寶不需要你的大量注意力。

★寶寶不想要你跟他玩。

★寶寶不常到處張望聲音從何而來。

兒語潛能開發這樣做

你和寶寶到目前爲止可能已經享受了好一陣子的每日遊戲時間。請繼續這麼做！你不只是提供他語言學習的最佳機會，這對他的情緒發展也是極有利的事。沒有什麼比寶寶知道自己得到大人全然的注意力，更能帶給他信心的。**未得到大人充分注意力的寶寶，通常會花費許多精力做一些被禁止的事，試圖引起大人注意。**

每天半小時與寶寶共處的時間仍很關鍵。

查理在年紀相近的三兄弟中排行老三，我第一次見到他是他三歲的時候，當時他只會講二或三個詞語的短句，這讓他的母親十分沮喪。查理會想盡辦法搞破壞，甚至毀掉他最喜歡的活動，如玩水遊戲。由於他先前曾引發淹水，所以大人禁止他玩水。

我第一眼就感受到查理有多麼不開心：他看來蒼白而緊張，幾乎很少露出笑容。我向他媽媽說明，給予查理全然屬於他的時間有多重要，雖然我完全了解這麼做對她來說有多麼不容易。不過，在親戚朋友的協助下，查理的母親盡量每天騰出一小段時間給查理，且效果驚人。兩週後再次見到查理時，他看起來和之前判若兩人，他的頭高高昂起，臉上有血色，表現出快樂而自信的樣子。他的語言發展非常快速，他母親還告訴我，查理的淘氣行爲幾乎已全數消失！

一對一遊戲時間，環境一定要安靜

我必須再三強調：**保持安靜！**寶寶選擇自己想聽些什麼，並過濾其他聲音的能力尚未成熟，若不能在安靜的環境進行，寶寶這項能力可能完全喪失。請檢查所有電視、音樂、廣播與電話是否已全數關掉，並提醒家人，除非有緊急事件，否則不要來打擾你們。

關掉電話。

前一陣子，有一位小女孩薩拉的母親告訴我，薩拉自兒語潛能開發得到的飛速進步突然減緩，讓我很困惑。薩拉的母親向我保證她嚴格遵守規則，因此我決定去她家一探究竟。我發現隔壁鄰居音樂開得非常大聲，薩拉和她母親一起遊戲的房間裡顯然可聽見。薩拉的母親並未注意到這件事，因爲音樂聲並未大到對大人造成影響，不過當薩拉和她母親把遊戲時間移到家中的另一處之後，薩拉又繼續快速進步了。

處於沒有太多干擾的環境，對寶寶的注意力發展有重大影響，因此你必須取得平衡，最好能提供寶寶充足的玩具，讓他願意迅速從某玩具轉移至另一個玩具，但玩具又不能多到讓他太容易分心。我通常會給寶寶充足的玩具供他選擇，但也會確定他有足夠的地板空間能在上面玩耍。我會把玩具安置分類好，讓他可以清楚看到有些什麼，而不必把它們都倒在地上。請給寶寶進行研究型與假想遊戲的機會，包括形狀分類玩具、積木、拼圖、娃娃、聲響玩具與一些書籍等。

在玩具之間留些空間，讓寶寶看見有什麼玩具。

如何跟寶寶說話

寶寶需要大量的遊戲經驗，也需要你的協助來理解相關詞彙，才能運用這些詞彙。你所提供的協助，將使寶寶終身受益。

★了解寶寶的注意力狀況

你必須對寶寶注意力發展程度保持敏銳。目前寶寶的注意力時而快速變換焦點，時而長時間一心一意地專注在自己所選的物品或活動上。如果你很清楚這些差異和轉換，就不難看出寶寶現在是什麼狀況。

★不要把自己設定的注意焦點施加在寶寶身上

不要試圖引導寶寶的注意力，尤其是當他全神貫注於某事物上時，這只會讓你們都感到挫折，因爲他就是無法聽你的話，你必須等待。我記得我大兒子小時候曾專注地把積木投進一個紙管中，經過很長的時間，我在一旁急著想給他看一個超酷的新玩具，但我們眞的不能強迫這個年齡的寶寶，專注在我們所選的玩具上。

不要試圖引導寶寶的注意力。

對寶寶進行連續的實況解說是不錯的想法，但如果你覺得他好像並沒有一直在聽，也不用驚訝。只要記得，**你越能準確說出寶寶心裡所想的事，他越可能聽你說話**。

★跟隨寶寶的注意焦點

當然有時你也可以把他的注意力吸引到有趣的事物上，尤其是在遊戲時間以外，但請在這段全神貫注的時間裡，讓寶寶成為領導的那方。有許多針對共享式注意力如何影響寶寶的研究清楚指出，**大人跟隨寶寶的注意焦點，寶寶更容易學會新詞彙**。

觀察寶寶的臉，弄清楚他在想什麼，然後適當地發表意見。

所以你應該努力找出寶寶心裡在想什麼，然後針對那件事發表意見。他是希望你說出名稱呢？（「那是一隻河馬。」）或希望你以該物品做一些事？（「我們來讓泰迪熊跳起來？」）或他對正在發生的事情感興趣，你可以加以解釋？（「它破了嗎？」）寶寶很懂得以手勢與臉部表情來溝通，所以要知道他們在想什麼通常不難。**順其自然，讓寶寶自由地把注意力從某物轉移到另一物上，總有一天寶寶自然會做好準備接受大人的引導**。

納森兩歲時還不會說任何一個詞語，這讓他的家人感到沮喪。當我觀察他與父親遊戲的狀況時，我發現他父親不斷說出一長串的問題與指令：「過來看這個，納森。這是什麼顏色？它是怎麼運作的？對的，我們現在來看這個。這上面有幾塊積木？什麼形狀？說三角形，納森。」而納森則忙著忽略他的父親，經常背對著他，使得父親越來越挫折。我們好不容易才說服他父親，納森不會說話，是因爲他理解的詞語不夠多。

納森的父親了解如何幫助他增加理解程度後，非常努力地改變自己與兒子的互動模式，前後花了約一個月的時間。當他改變之後，納森進步迅速。我很開心聽到他告訴我，他和納森有多享受他們共享的遊戲時間。四個月後，納森的語言發展已大幅超越他的年齡。

請記住，遊戲時間必須完全避免問題或指令，只對寶寶當下感興趣的事物發言就好。問寶寶問題，他的部分心思就會去思考答案，或去想到底要不要回答這個問題。如果給他指令，他就必須決定要不要遵從這個指令。尤其是有些父親很難做到這點，常忍不住問問題與下指令。

★幫助寶寶持續享受傾聽的樂趣

現在不管去到哪裡都充滿噪音，你們的遊戲時間可能是寶寶唯一能適當傾聽的場合，請確保寶寶在能輕鬆傾聽的環境中，持續享受傾聽聲音的樂趣。

聲響玩具和童謠可讓傾聽變得有趣。

★玩聲響玩具，如樂器或搖起來發出不同聲音的容器。

★唱或唸童謠給寶寶聽。童謠不僅可讓寶寶感覺傾聽聲音很有趣，而且研究發現，大量接觸童謠的寶寶，日後閱讀能力較佳。強烈的節奏與大量的重複可讓寶寶理解音節和詞語如何建構，

未來可把這些詞語輕鬆轉化爲書寫形式。

★有機會讓寶寶了解聲音從何而來。例如，當你應寶寶要求打開盒子時，可讓他看咔噠聲是哪裡發出來的。

★協助他破解語言密碼

繼續對寶寶說簡單的短句，這麼做可以協助他連結詞語與意義。例如，「汽車在桌子上」和「我們把你所有的汽車都放在輸送器上，然後假裝桌子是海邊，我們要把汽車送到那邊去」這兩個句子相較之下，寶寶更容易從前者辨認出關鍵詞語。

你可以使用大量的新詞語，只要把這些詞語放在寶寶能清楚知道關鍵詞語爲何、所指稱爲何物的短句中，寶寶一天可以學會多達九個新詞語，所以如果你覺得可能會用到寶寶不認識的新詞語時，把它放進只有一個重要詞語的短句中，如「這是刺蝟」或「它很大」。不過你說的句子語法一定要正確，例如「爸爸去工作了」，而不是「爸爸工作」。

大人現在跟寶寶說話有一項重大的改變：寶寶可能理解兩個重要詞語以上的短句了，所以你可以跟寶寶說很多包含兩個重要詞語的句子，例如「你的鞋子在廚房」「泰迪熊想吃晚餐」「你的手指頭黏黏的」「強尼在公園」等。

維持簡短的句子。

保持短句子很重要，不要忍不住以連珠炮對寶寶吐出一大串長句。這很有可能讓原本一開始語言發展良好的寶寶，因此進步趨緩。

瑞秋是一個迷人的金髮小女孩，在她大約兩歲時家人帶著她來找我。她看起來健康情況良好，但她的母親深信，瑞秋一定患有某種可怕的退化疾病，因爲她前兩個月都還能非常快速地學會新詞語，但突然就停止進步了，最近幾週只學會了兩個新詞。我看瑞秋的母親跟她說話的方式，立刻理解到發生了什麼事。她所用的句子實在太長：「喔看啊，那眞是一個可愛的小購物籃，如果我們把這些黏土做成很多小三明治和蛋糕水果，帶去野餐剛好適合！」瑞秋的反應看起來很迷惑，有時則完全不加理會。可能是瑞秋的語言理解在過去幾週發展非常迅速，她的母親因此深信「她什麼都懂」，可以像跟大人講話一樣與她對話。後來她母親重新以瑞秋可理解的短句跟她講話之後，瑞秋快速的語言進展又迅速恢復了。當她兩歲半的時候再來看我，語言的理解與運用程度已經有如三歲的寶寶。

★持續發出擬聲詞

擬聲詞可以幫助寶寶集中注意力，享受傾聽聲音，並給他機會聽到個別的語音，而不是一長串快速變化的語言。寶寶現階段的遊戲很適合這類的擬聲詞。

寶寶可從嘩啦、嘟嘟、咩……等擬聲詞中學到很多。

★嘩啦、滴答、滴滴滴等聲音，很適合玩水的時候使用。

★砰、隆隆、嘟嘟等聲音，很適合搭配玩小汽車和小卡車。

★咩咩、哞哞和喵喵等聲音，可讓動物玩偶的遊戲更加生動。

★說話時放慢速度、提高音量且語調起伏

這是寶寶聽起來最輕鬆也最吸引人的語言形式，不但能幫助他專注在你的語言上，也極有利於他區分哪些聲音在哪個詞語裡。

馬可斯在將近四歲時來我的診所，因爲只有他母親聽得懂他說什麼，而他即將入學。他顯然很聰明，而且急切地想與人溝通。他對語言的理解沒問題，口語詞彙與句構也是。問題出在他的語音完全混淆。他具備全部的語音，但不太確定什麼語音在什麼詞語裡。他的母親可能是我見過講話速度最快的人，她說的話沒頭沒尾，連我都要想一下才能知道她在說什麼。請馬可斯的母親放慢說話速度，讓馬可斯留意什麼語音在哪裡，是兒語潛能開發中最重要的一部分。我給他母親看適合馬可斯的說話速度後，一小時內，馬可斯已把一些語音用在正確的地方了。

★大量重複

請在不同的句子與情境中運用相同的詞彙，這對於協助寶寶充分理解個別單詞的意思非常必要，也能幫助他多次聽到一些語音，使他最終能準確記住這些語音。

★在許多不同的短語和短句中使用相同的詞語，例如「那邊有隻大象，大象很大，很大的大象。」

★說出名稱的遊戲仍然很管用也很有趣。這個年齡的寶寶喜愛重複的遊戲，如：「泰迪熊的鼻子、泰迪熊的耳朵、泰迪熊的眼睛；莎莉的鼻子、莎莉的耳朵、莎莉的眼睛等。」

★一些日常活動也很適合重複的話語，如就寢時說：「褲子脫掉，鞋子脫掉，襪子脫掉」，洗澡時說：「洗洗手，洗洗臉，洗洗腳」。

★大量使用名稱。寶寶現在正累積他的詞彙能力，需要多次聽到物品名稱才能記得，請盡量使用實際名稱而非代名詞。例如，跟寶寶說：「我們把書放在桌上」要比「我們把書放在那裡」來得好。

告訴寶寶物品的名稱。

我常被問到，這階段對寶寶使用一些寶寶的用語，如「肚肚」或「馬馬」究竟適不適合，答案是非常肯定的！這些用語已成爲兒語與童謠中經常使用的變化形式，它們可讓寶寶輕鬆注意到詞語裡的語音並說出來。舉例來說，你可以比較一下，說「肚肚」和「胃部」哪個比較簡單？「馬馬」是不是也比「馬匹」簡單多了？別擔心，寶寶不會一直這麼說，他很快就會轉換成大人的用語了。

★**把寶寶說的話重複說給他聽**

小小孩通常不能以大人的方式發音，主要是因爲他們記不得哪些語音要放在哪裡，他們需要

反覆聽到這些聲音，一直到能正確記住它們爲止。

把寶寶說的話重複說給他聽，但聽起來不要像在指正他。

最重要的原則是，**總是以正面語法回應他**。如果他說「蕉蕉」，你可以說：「對，這是香蕉。你要香蕉嗎？」寶寶對於參雜兩個詞語的短句也可能語焉不詳，但同樣的，對他最有幫助的做法，是以自然對話的方式正確說給他聽。如果他說：「汽車爸爸」，你可以說：「對，那是爸爸的汽車。」以這種方式回應，聽起來就不像是他做錯事了。我們曾看過許多寶寶，當他們的溝通遭到糾正後，會漸漸不再做任何嘗試。

安娜三歲，她的母親急切地希望她「好好說話」。她回應安娜多數的早期用語，都是堅定地看著她的眼睛，緩慢而刻意地重複她所說的每一個音節。我記得安娜看到玩具箱裡的大象玩偶時很雀躍，她想與母親分享這個發現，於是拿出玩偶對母親說：「大樣」！母親不但沒有肯定安娜的溝通，反而面無表情地看著她，然後非常緩慢地說：「大、象」。安娜的失望顯而易見。於是她放開玩具，不再試圖與母親分享她的發現。同樣的，安娜的母親改變對她溝通的回應方式後，他們的關係也改變了，這是我們所樂見的。

★把寶寶的意思說給他聽

寶寶僅以口語表達出部分意思，這時，你反映出他溝通的意思是非常重要的。他需要看出你能理解他所說的話。所以請務必專注於他所傳達的訊息，而非他的溝通方式。他可能指著天空說：「咿～喔～」，然後以他的臉部表情與肢體語言讓你知道，他對看見的飛機非常感興趣。他希望你能共享這種興奮之情，希望你用熱情的語調及臉部表情來表達你也覺得很有趣：「是啊，好大的飛機！」**你對於他說的話越有回應，寶寶未來的語言發展就越好**。

回應寶寶所傳達的訊息。

★表現給寶寶看你是什麼意思

當你使用手勢及做某事時，請順道帶入語言，協助寶寶確切了解你的意思。例如，在做這些事時順便說：「我正在倒茶，牛奶加進去了。」

以話語搭配動作。

請你不要這樣做！

★不要評論寶寶怎麼說或說了什麼

我不知道巫瑪和她的父母誰比較挫折，她是期待已久的第一個寶寶，生活在大家庭裡，是家人眼中的寶貝。幾乎每次她說了什麼，大人都會開心地在她面前講給其他人聽，這讓巫瑪感到很忸怩，於是不再講話。她想溝通的強烈欲望，顯然與她強烈的不自在感互相衝突。家人發現問題出在

哪裡後，只在她聽不到的時候，才分享對她卓越能力的興奮。於是，巫瑪很快又開始快樂且頻繁地說話了。

★避免負面語言

寶寶的探索仍可能涉及試圖爬上高物、研究你昂貴的裝飾品等危險行為。你必須親身去移開他，不要用連我們都不喜歡聽到的語言來阻止他，如「停下來」「不要碰」「立刻把那個放下」等。你要讓他覺得聽你的聲音很愉快。

★問無意義的問題

最重要的原則就是：**除非你需要知道答案，否則不要問他問題**。例如，問他「那是什麼？」「那隻牛說了什麼？」這些問題毫無意義。如果他已經知道答案，你並無法增加他的知識；如果他不知道答案，這麼做只會讓他覺得不愉快。

不要問問題！

克利斯多福的父母快急瘋了。他很早就開始說話，讓全家人都很高興，不過後來他的耳朵多次發炎，可能影響了他的聽力，就開始專注在看與操作上，較少開口說話，因為他覺得處在與哥哥姊姊共享的吵雜環境中倍感壓力。他父母發現他話變少了，於是做了多數父母都會做的事——以無數的問題試圖讓他開口，如：「這是什麼顏色」「牛說了什麼？」「這是什麼？」克利斯多福很清楚知道，父母明明就知道這些問題的答案，於是壓力更大了。結果他的話越來越少，甚至形成惡性循環。我們打破了這個惡性循環以後，克利斯多福的語言發展便非常驚人地快速進步。

由經驗看來，父親要做到不問問題似乎很難，很多父母就是無法忍住不去問一些問題來讓寶寶開口。如果你能克制自己的欲望，寶寶反而能更快開口。也盡量請其他人不要問寶寶這類問題，如果我們以正確的方式跟寶寶說話，寶寶該說話時就會開口說話了。

跟寶寶獨處半小時以外的時間，你可以做什麼？

★跟寶寶大量說話！告訴他發生了什麼事。

★讓寶寶跟你一起做很多不同的活動，如拜訪朋友、去公園或商店。

★爲寶寶洗澡的時候一邊進行名稱遊戲，爲他穿衣服的時候也一樣。

★盡量以半小時遊戲時間內的相同方式對他說話。

階段7

二十至二十四個月

寶寶開始成爲能和你眞正對話的人

此階段的寶寶，非常享受新學到的技能，例如，他會積極地自己穿脫衣服、在不需要太多協助的情況下自己洗手。他終於可以用湯匙餵自己，且不再搞得太髒亂。如果你在忙，他可以自己玩個半小時左右，這眞是一大解脫！他也喜歡幫你跑腿，像是去拿東西或收拾物品。不過寶寶離眞正的獨立還很遠，如果你離開他，他會變得很不安。他可能在就寢時突然想吃東西或喝水，藉此延緩跟你分開的時間。當寶寶感覺很累或不舒服時，剛建立起來的獨立性可能會瞬間消失無蹤。

寶寶仍喜愛外出，且非常樂於與你牽手，但請小心他突然暴衝！他日益增加的自我意識，會開始跟你進行意志的角力。他可能拒絕食物，或拒絕穿某件特定衣物，而且可能堅持好一段時間，你需要用一些手段才能化解僵局。

寶寶的第二十至二十二個月

語言發展

許多寶寶在這個階段對語言的理解及運用突飛猛進，不過這個年齡層的寶寶語言能力仍有極大的差異性。寶寶的對話技能已較成熟，而且可以跟大人一樣輪流發言，擔任維持對話的重要角色，跟他們對話愉快極了。

寶寶對於日常例行活動順序的認知持續增加，連帶促進他對語言的理解。過去他對這些事件的理解僅有概略的意識，現在則比過去知道更多細節。例如，他現在知道並預期，自己在一天當中的什麼時間點會穿上衣服，以及穿上衣服的順序。相同的，他可能去了超市之後了解到金錢交易，以及打包與卸下商品等與購物相關的事件，這種知識能協助他輕易連結新詞語與其意思。舉例來說，寶寶在已知的情境裡，很容易理解新衣物的名稱或「錢」的意思。同樣的，他知道肥皂的目的，也清楚肥皂滑溜的特性，及容易消失在洗澡水裡的情況後，就能輕易理解「肥皂盒」的意思。

寶寶現階段更能理解語言的運用方式，例如，他知道適合打招呼的情況，也知道有人要求他釐清訊息的狀況。他現在對於其他人知道了什麼事也有一定的了解，這對於發起並維持對話是非常重要的訊息。舉例來說，他知道當他稱呼哥哥的名字時，家裡的每個人都知道他說的是誰，但是醫師或其他剛認識的人就不知道了，需要被告知才能了解。

寶寶現在對於詞彙的認識，每天都能增加好幾個。當他二十二個月大時，可能已經認識與他相關、家中所有物品的名稱。他現在對含有兩個詞的短句也能快速理解，例如，他會敏捷地回應這類指令：「把你的帽子從衣櫥拿出來。」甚至能聽懂三個簡單的短指令組合，如「打開衣櫥，拿出球來，給爸爸！」寶寶也能理解以位置來指稱的物品，如「鍋子旁的那個東西」，以及代名詞所指稱的物品，如「把它給我」。

寶寶每天理解的新詞語可達數個之多，但能說出的詞語實在趕不上這個速度。這個時期一開始時，他可能了解多達兩百個詞語，但僅能運用十到五十個之間。對於詞彙理解程度高的寶寶，此時可能已開始連接詞彙，並模仿含有兩個詞語的句子。

多數寶寶每週都能說出新的詞語。寶寶現在學會的詞語類型較爲不同，包含較多動詞，以及一些形容詞，如「胖」和「瘦」，這可以讓寶寶說出類型更廣泛的雙詞語短句。有趣的是，嬰兒運用這些早期句子的方式相當一致，多數爲名稱結合動詞，例如「媽媽來」「去睡覺」「爸爸再見」。寶寶有時會特別強調重要的詞語，以確定別人能聽懂他的意思。

寶寶會在此時期首度開始嘗試告訴其他人，自己看到什麼或遇到什麼有趣的事，但他目前仍沒有充足的語言可完全以口語表達，通常需要搭配手勢或比手畫腳，加上以咿啊聲來填補詞彙間的空白，有時候要聽懂寶寶的意思的確費力，尤其是寶寶興高采烈地說話時。

寶寶也開始運用問句及否定句，常把否定詞放在句子的最前面，例如「不要喝」，表示「我不要喝東西」。另一個重大進展是，寶寶現在知道詞彙可以用以代替整個類別的事物，如動物或衣物，並以這種方式加以運用。雖然寶寶現在的詞彙增加許多，但咿啊學語並未完全消失，當寶寶不能完整說出他想說的話時，可能用咿啊聲來作爲眞實詞彙間的贅語。

整體發展

寶寶對身體持續增加的控制力，意味著他能更專注於自己所做與所學的事情上。他現在不是去想如何拿到某特定物品，而是拿到之後要如何操作。

以行動力來說，他現在可以流暢地跑步，甚至可以倒退走路；他可以蹲下，可以往前傾而不失去平衡；他可以丟球而不會跌倒，或是應要求踢球；他可以握住扶手走上樓，或騎乘玩具，雙腳推動自己前進。

寶寶的手部靈活度與手眼協調也快速發展，使他能如願探索事物。他現在能徹底享受這些新學會的能力，用大拇指和兩根手指頭握住鉛筆塗寫，並首度能有技巧地單頁翻書。寶寶的視力現在跟大人一樣好，他可以把鞋帶穿過較大的洞。寶寶的數字觀念這時才開始發展，他對「一個」和「許多」的差異有模糊的了解。

寶寶現在很喜歡大人示範給他看怎麼玩玩具，他會拉著大人去看他的玩具，並模仿大人玩玩具的動作，例如當大人示範怎麼做之後，他也會拉著小火車走，或把形狀積木放入三個洞的形狀板中，而且能疊起七塊積木。

寶寶開始進行小小的角色扮演，他可能假裝是媽媽在寫信或爸爸去購物等。寶寶此時還沒有跟其他寶寶一起玩的概念，但他會開心地在他們旁邊玩。他完全沒有分享的概念，如果另一個寶寶拿了他的玩具，他會強烈抗議！

注意力

寶寶常全神貫注於自己正在做的事或看的東西上，這種注意力仍爲單一層面的，寶寶會完全專注在他的注意焦點上，他幾乎能專注傾聽以趣味方式描述發生什麼事的語言，讓他感到樂趣無窮。當你把寶寶的運動衫拉到頭上的同時，邊跟他唱相關的童謠，將愉快地吸引他的注意力，你若只是說：「來吧，我們幫你穿衣服好出門去，」則不會有相同的效果。

聽力

寶寶現在可能已有選擇傾聽的能力，不過他現在仍相對容易分心，當自己正在聽的聲音與背景音有較大差異時才能專心，「他想聽的聲音」這個選擇性傾聽的能力，仍僅限於他自己所選擇的注意焦點，而非爲他人的注意焦點。

寶寶現在已建立起對多數日常聲音的理解，如吸塵器等與例行家務活動相關的聲音，以及日常生活周遭許多人的聲音。

寶寶的第二十二至二十四個月

語言發展

寶寶約從二十個月開始，會用語言來表達感覺，而不只是用哭泣或顯露出煩躁不安的方式，例如，他可能堅定地說：「強尼生氣。」也開始叫喚某人的名字來發起對話，例如叫「媽咪」來吸引母親的注意力。更重要的是，他現在開始試著以熟練的咿啊聲混合話語、手勢與比手畫腳來告訴別人他的經驗。他的話語中也首度出現問句，如：「爸爸哪裡？」

寶寶對於日常活動的意義與順序等「世界如何運作」的理解，有助於他理解越來越多周遭聽見的語言。例如，當寶寶與媽媽外出購物時，寶寶可能預期從食物放入購物推車，到出現在餐桌上，整個事件的順序，因此，他推論出「這些番茄可以搭配你點心時間吃的雞蛋」這個句子中的「番茄」是什麼意思應該不難。另一個協助他連結詞語與意思的因素是他開始歸類詞彙，如身體部位或衣物。寶寶另一項有趣的小進展是，他能辨識的玩具、人與動物名稱多了許多，顯示他真的理解詞彙不但能代表物品，還能代表物品的表徵。

寶寶對於語言使用方式的理解，如什麼時候適合打招呼或給予資訊，搭配他現在對於對話規則的豐富知識，也有助於弄清楚新詞語的意義。舉例來說，寶寶在常聽見「再見」的情境下聽到「回頭見」，便可輕鬆推敲出這個新詞是「再見」的另一種說法。

寶寶滿兩歲時，通常就能理解相當長而複雜的句子，以及這些句子背後的意思與原因。他會了解「媽媽回家時，我們就玩躲貓貓。」這類句子（而且時間到了眞的會記得），以及爸爸說：「我把窗戶關上，雨才進不來。」背後的原因。

寶寶兩歲時，已能使用多達兩百個，甚至更多詞彙，他還會用許多不同類型的詞彙：更多動詞（如「游泳」或「玩」）、形容詞（如「大」與「小」）、副詞（如「快快地」與「慢慢地」），以及一些代名詞，雖然在這個階段這些代名詞的用法仍常混淆。詞彙的多樣性，可以協助寶寶組成更多含有兩個詞語的短語與短句，如「喬伊滑」「快快走」「媽咪跳」等。寶寶現在正在形成文法概念，通常以名字稱呼自己，以確保不會造成混淆，如「強尼餅乾」。

寶寶開始運用「不」「不要」等否定詞，他首度將否定詞延伸運用在否認某事上。例如，他可能告訴你「沒有丟」，代表「我沒有丟那個盤子」。他也開始延伸自己的問題，如詢問：「爸爸去哪裡？」寶寶有時候會模仿三個詞語組成的句子，有的寶寶甚至會自己組成三個詞語的句子，如「××要喝」。他現在不僅會用詞彙，也開始運用語法了，這些短語和短句在這個階段常缺字，但通常足以清楚傳達他的意思。另一個小小的里程碑是，如果有人教他，他可以說出自己的姓與名。

寶寶的「學語轉移過程」——非母語的語音在口語中慢慢消失——現在已經完成，不過寶寶的發音跟大人仍有相當大的差異。寶寶仍持續以較簡單的發音來取代較難的發音，如以ㄊ代替ㄎ。有趣的是，如果你跟寶寶一樣發音錯誤，寶寶會以怪異的表情看你，甚至以他的發音試圖糾正你。

寶寶現在會盡想辦法讓大人加入對話，如果沒有得到回應，會堅持繼續這麼做。忙碌的大人可能會發現自己常被寶寶拉扯，並聽他堅持重複發出一些聲音。寶寶會極度急切地修補溝通破裂，想盡方法以替代詞彙，必要時搭配手勢與比手畫腳，來讓別人理解自己的意思。

整體發展

偉大的兒科醫師格賽爾曾說過一句關於兩歲幼兒的名言：「他以肌肉思考。」他說到這個階段動作與心智活動互相依賴的關係，描述兩歲的寶寶「邊活動邊說話，邊說話邊活動」。

寶寶的操作技能也快速發展，可以抓握、撿起細小的物品如針線，也可以搭起三塊積木的火車，以及單頁翻書。寶寶的手眼協調讓他可以把形狀積木放入形狀板中，不僅是面向他時，轉個角度也可以。

以日常生活技能而言，這階段寶寶已變得稍微獨立。兩歲時已可自己脫掉多數衣物、在極少協助的情況下自己洗手，並以湯匙餵食自己，不會把湯匙弄翻。

正如格賽爾所說，寶寶兩歲時的情感生活已有相當的深度與複雜度，也能對其他人的感受表現出相當的敏銳度。他喜歡事物維持原樣，畢竟他才剛學會預期生活的模式，寶寶這時候對於變化的需求是逐步且溫和的。

注意力

寶寶的注意力發展跟過去兩個月差別不大，你可能會懷疑爲什麼要吸引他的注意這麼困難，他怎麼能如此一心一意地專注在自己想做的事情上？不要擔心！寶寶很快會進入下一個階段，屆時他就能在你的協助下轉移注意焦點，並遵從你的指令。在寶寶還沒做好準備前，請克制自己不要這麼做，讓寶寶以自己的速度經歷這個階段，他的注意力將會發展得最快也最好。

聽力

寶寶現在處於多數聽見的聲音對他都有意義的世界，他現在可以輕易找到聲音來源，傾聽是他生活中的一大喜悅。他不但喜歡別人跟他說話、對他唱歌，也越來越能從聲響玩具中得到樂

趣，但請注意，如果背景音干擾過大，他仍會覺得傾聽很困難。

這樣和寶寶玩遊戲

研究型遊戲

寶寶現在非常熱愛研究，對於理解世界的熱情無窮無盡。他喜愛探索不同材料，並在探索的過程中學到許多關於這些屬性的知識。玩水仍是令他愉快的活動，他喜歡把水從某容器倒至另一個容器，並研究哪些能浮、哪些會沉，哪些會緩慢地下沉。正如我們先前所說的，這個遊戲對於建立快慢、遠近、第一與最後等概念是絕佳的媒介，語言也很容易與這些概念連結。沒有這些經驗或經驗非常有限的寶寶，將不利於往後的發展。

一位四歲的小女孩瑪莉莎最近被帶來我的診所，因爲她未能如願進入父母選擇的學校。這個學校對於年紀這麼小的寶寶已有篩選測驗。我發現瑪莉莎的母親過度講究家裡整潔，因此極度限制瑪莉莎所能進行的遊戲類型。她不許瑪莉莎玩水、玩沙、玩黏土或彩泥，當然也不許玩蠟筆或水彩，剪刀也被禁止。瑪莉莎甚至不能把遊戲器材如積木等灑滿地上，或者以任何方式移動家具。因爲種種限制的緣故，瑪莉莎雖然備受疼愛、得到良好照料，但卻十分欠缺經驗，她的概念以及對語言的理解與運用，都低於她這個年齡的期待值。瑪莉莎接受兒語潛能開發的六個月內，語言技能已趕上她的年齡程度，但我覺得很難過，如果瑪莉莎先前有過廣泛的體驗，她的成就絕不只是這樣。

這個階段的寶寶仍非常喜歡黏土和彩泥，寶寶接近兩歲時已開始簡易的操作，會以切割器與滾筒來敲擊黏土。寶寶現在仍喜歡塗鴉，會用粗蠟筆或鉛筆，較長時間且力道較重地在紙上塗寫。沙子現在也很受寶寶喜愛，他不像從前只會坐在沙裡，還喜歡把沙倒進玩具卡車或推車裡。

丟擲的遊戲也很適合跟寶寶輪流玩，現在通常是數人輪流。寶寶操控能力的增長與更長的專注時間，使他現在能享受需要更費心思且更細緻的手部控制遊戲。他現在喜歡試著把大型的串珠穿進繩子裡而非棒子上，也喜歡玩簡易拼圖，而非只是簡單的置入式拼圖而已。他喜歡可組裝的玩具，尤其是層層套接的玩具，如俄羅斯娃娃套組或疊疊杯等。

寶寶持續對配對與分類有極大興趣，他喜歡大型的圖片骨牌、顏色配對遊戲與大型串珠。寶寶現在也開始對建築玩具展露興趣，只要這些玩具夠大且容易組裝，他雖然還不會試圖搭建任何東西，但對於操作這些器材的樂趣，以及找出它們如何組裝，對他未來搭建東西時很有幫助。

寶寶現在對於因果的想法細緻許多。他喜歡彈出式玩具，這類玩偶的動作可帶來非常戲劇化效果的玩具。

互動型與假想遊戲

這個年齡的寶寶最喜歡的遊戲是「協助」大人進行日常活動，然後在遊戲中再次重現這些活動，以試圖找出它們的意義。寶寶會先專注地盯著你看，然後在稍後的遊戲中模仿這個活動，表現出他記得你當時做了什麼，這通常仍是單一動作，如把馬鈴薯放入平底鍋中。寶寶也會跟自己

的泰迪熊或娃娃重演許多活動。他非常喜歡大人一同加入遊戲。

寶寶對於「世界如何運作」所增長的知識，展現在他對物品與材料的運用上。他現在會正確地擺放娃娃的枕頭與被子，也會把刀叉、盤子擺放在桌上。他喜歡能代表大人所用器具的玩具，如玩具熨斗與燙衣板。寶寶也喜歡玩模型人偶、物品與動物，如農場或動物園玩具組、車庫和交通工具組，或簡單的娃娃屋等這些玩具此時都能帶給寶寶許多樂趣。隨著寶寶玩這類玩具的複雜度逐漸增加，這類玩具對寶寶未來很長一段時間都很有益處。

大人此時在寶寶的遊戲中扮演非常重要的角色。以操作型與研究型遊戲而言，寶寶喜歡大人示範給他看可以怎麼玩玩具，但他希望大人可以放手讓他自己嘗試大人的動作。例如，寶寶已學會串珠，但大人教他如何以交替的顏色來創造花樣。寶寶覺得輪流非常有趣，是遊戲中很愉快的部分，例如假裝餵泰迪熊或娃娃的遊戲，或輪流扮演店主人與顧客。在這種想像遊戲中，大人都能提供有用的建議，如讓寶寶看家具放在娃娃屋的哪裡，或者協助他安排購物遊戲的材料。

童謠和歌曲仍非常受寶寶喜愛，寶寶喜歡加入動作的童謠，如《划你的小船》等。他尤其喜歡歌詞與他知道的人或物相關，或曲調熟悉的童謠。

正如前一段時期一樣，寶寶有時喜歡自己玩，但他通常希望父母在附近，如果父親或母親離開他可能會哭。同樣的，大人需要相當的敏銳度來判斷寶寶何時需要父母參與及多長時間，還有寶寶什麼時候想要自己探索與進行活動。目前，寶寶跟其他寶寶還不會眞正玩在一起，兩個幼兒有可能在旁邊玩假想遊戲，但唯一的互動卻是偶爾搶走對方的玩具。

電視與影片

稍早時期的三項規則仍然適用於此時的寶寶：

★限制寶寶看電視的時間在半小時內。

★跟寶寶一起看，把看電視變成互動經驗，你可以幫忙把節目內容跟他的生活經驗連結。

★請確定寶寶所看的內容，跟他即將學到的世界有所關連，而非上一章討論的那些不會眞實發生的事件。寶寶對世界有限的經驗，使他尚未準備好面對這些。

寶寶現在可以聽懂簡單的小故事，因此把他所知道的情境融入節目中就很有趣。正如書本一樣，重複是很好的元素，寶寶會很喜歡相同的角色做或說相同或相似的話。

以下玩具與遊戲器材可以增添寶寶玩具箱的豐富度。這些玩具同樣可分為研究型或想像型遊戲玩具，但跟以前一樣，寶寶後來玩這些玩具的方式，可能是你從來沒想過的！

研究型遊戲：

★更多用來玩水的容器，如擠壓瓶與不同形狀的容器

★玩黏土用滾軸或切割器

★可以在沙池使用的卡車或推車玩具

★大型串珠與繩子

★俄羅斯娃娃或疊疊杯
★大型圖片骨牌
★色彩配對遊戲
★大型互接積木
★新的聲響玩具，如更多樂器或能發出有趣聲音的填充容器
★盒中彈簧偶或其他彈出式玩具

互動型與假想遊戲：

★購物袋
★熨斗與燙衣板
★清洗用的碗與刷子
★動物園動物組
★農場動物組
★車庫與交通工具
★娃娃屋與家具

寶寶小書架

跟寶寶建立每日共讀的例行活動是很重要的一件事。閱讀可以是你每日遊戲時間或睡前的一部分，也可以是任何你方便的時間。

親子共讀的重要性自這個時期開始不容小覷。學齡前，親子共讀時間的多寡，是寶寶日後閱讀能力的最佳指標。研究結果發現，一些寶寶口語能力極佳，閱讀能力卻令人失望地僅達平均值，可能是因為他們上學前，極少有機會跟大人共讀的緣故。有些寶寶甚至不會翻書，不知道文字是由左至右排列，也不知道故事是一頁一頁繼續下去。

就內容而言，寶寶仍然喜歡可以配合發出許多擬聲詞的書，如動物叫聲與交通工具的聲音。這些聲音能幫助寶寶很早就了解聲音可透過書籍來表示，這是很重要的體認，未來將形成連結聲音與書寫形式的關鍵能力。擬聲詞極有助於寶寶意識到詞語中的個別語音，這是寶寶日後閱讀的必要能力。韻文書也很適合寶寶閱讀，押韻的能力是閱讀非常重要的前導能力，事實上，無法押韻是閱讀能力不佳的指標。

寶寶對語言日益增加的理解，與更長的注意力時間，讓他現在可以享受簡單的故事，反映現實仍是此時挑選故事非常重要的考慮因素。寶寶還沒做好聽幻想故事的準備，他仍在建立並鞏固世界的知識，這些知識很容易混淆。現階段最適合的故事仍是與寶寶生活經驗相關的，我們知道這種故事極有利於寶寶連接詞語與意思。這些可預測的活動模式與順序，有助於強化寶寶「世界如何運作」的知識，當他了解事件的基本順序時，要連結該順序中的新詞語與意思，就容易多了。有個有趣的現象顯示：寶寶描述自己非常熟悉的例行活動時，所使用的句子較爲正確。

寶寶仍舊非常喜愛故事中重複的部分。此外，依據寶寶的照片，編造跟他有關的故事也非常受到寶寶喜愛，寶寶會很喜歡把照片和家中的眞實物品互相比對。

寶貝觀察紀錄

寶寶兩歲大時的表現：

★了解相當長而複雜的句子。
★運用大約五十個詞語。
★連接兩個詞語，偶爾三個詞語。
★運用「你」和「他」等代名詞，但有時會出錯。

媽咪要注意

寶寶滿兩歲時，如果有以下情形，請尋求專業意見：

★寶寶似乎不了解許多日常物品的名稱，如家具或餐具。
★寶寶從未把兩個詞語連接在一起。

★寶寶不常對自己所選的物品或活動展現出強烈專注力。
★寶寶不想幫你做你在做的活動。
★寶寶從未進行任何假想遊戲。

兒語潛能開發這樣做

希望你和寶寶此時已非常享受你們的遊戲時間，只有在不得以的緊急情況下，才能放棄這段時間。這段時間將持續給寶寶帶來大量情感上的安全感及終身的信心，也能提供最好的語言學習情境。隨著這時期遊戲技能的發展，你可以持續肯定並讚美他能做到的事，來增加他的信心，並溫和地協助他進行較困難的任務，如此一來他才不會感到挫折。

尚恩約二十個月大時，跟父親來我的診所，因爲他還沒開始運用任何詞彙。不知何故，他的父親認爲不需要跟這個年紀的寶寶說太多話，應該讓他們自己去弄清楚狀況。當尚恩跟爸爸一起玩的時候，他發現一個螺絲玩具太緊了，他的小手無法擰開，試了又試還是不成功，在幾分鐘內，他憤怒而挫折地哭起來，我忍不住干預，並輕輕旋開螺絲的那刻，他的臉上充滿了笑容，並且從中學到許多事。

不過，我也記得一個名叫安東尼雅的小女孩，她的母親無法忍受她受挫，因此在安東尼雅發現問題前，就把它們全數解決，然後談的始終都是自己的事。我清楚記得，安東尼雅當時在玩一個置

入式的拼圖玩具，只要她手上拿了一塊拼圖，她的母親立刻指給她看要放哪裡。這幾乎跟尚恩的父親完全不插手一樣讓人挫折。當這些父母學會談論寶寶的議題而非自身的議題，並針對寶寶的遊戲活動給予適當的協助後，兩個寶寶都有顯著的進步。

一對一遊戲時間，環境一定要安靜

請注意，不要讓噪音干擾你們的遊戲，請確認環境中沒有顯著的噪音，寶寶現在仍然很需要這些輕鬆有趣的傾聽時間。

保持室內安靜。

準備一些玩具，好讓寶寶有進行研究型遊戲與假想遊戲的各類選擇，把這些玩具放在相同的地方，好讓寶寶可以輕易找到他想要的東西，也請確認這些玩具都是完好的，這個年紀的寶寶完全無法忍受打開盒子，彈簧偶卻不彈出來，或者拼圖缺了一塊。

請確認所有的玩具都能使用並且是完好的。

擺設玩具時請保持地板上有一塊明確的空間，與一些平面可以讓寶寶在上面玩。擺滿玩具的地板與牆面不管有多麼吸引人，對寶寶卻可能過度刺激，讓他難以專心。

如何跟寶寶說話

★共享相同的注意焦點

寶寶現在會以口語的方式，很常讓你清楚知道他感興趣的物品為何，使你不再需要像早期一樣仰賴這麼多猜測。舉例來說，當他指著貓露出笑容，並說：「那貓貓」時，他對什麼感興趣顯而易見。如果你並未弄清楚他心中的想法，例如他說：「泰迪熊喝」，而你遞東西給泰迪熊喝，但他其實希望你遞給他泰迪熊的杯子時，他會馬上誇張地比手畫腳傳達他真正的意思。

或許這個時期最重要的變化，是隨著寶寶對世界的知識與對語言的掌控極速擴張，他現在心中所想，不一定總是「此時此刻的事」。他喜歡試圖告訴你曾經發生的事，而且常一次又一次地說，或突然提到這件事。我的女兒二十一個月大的時候，非常著迷於她首次的動物園之旅，因此碰到每個人都說：「媽咪長頸鹿……寶寶長頸鹿……小小鳥說哈囉。」

寶寶也可能開始說到未來即將發生的事——在這個階段通常是不久後的未來，如當天稍後將發生的事。你現在可以在他說過的話的基礎上稍微擴展，並增加一些來協助他記起更多發生過的事。如果他描述在公園看到一些寶寶在玩，例如「強尼打球，全都倒。」你可以說：「對，強尼打球，然後跌倒了。媽媽把他扶起來了。我們全都回家喝茶了。」

有時候寶寶的心思會放在即將發生的事情上。例如他可能說：「湯姆去公園。看兔兔。」你同樣可以加以擴展，提醒他可能在公園看見的其他事物，如花朵、盪鞦韆與溜滑梯。這類對話現在能讓寶寶聽到並學習較複雜的語法形式，也能讓你運用並讓寶寶跟隨較複雜的句構，如「如果下雨的話，我們就不能去公園。」

在這個階段，謹慎使用反問句可以協助他思考並記住事件。例如，「我在想我們今天到公園會看到什麼？」可能刺激寶寶想起許多從前去公園的回憶。如果寶寶沒有回答，請務必回答自己的問題。

隨著你們共同經驗與關於這些經驗的對話增加，寶寶將跟我們所有人一樣，知道自己的對話夥伴應具備什麼知識。例如，他會知道他和媽媽曾被某盒中的彈簧玩偶逗得很開心，因此他可以安全地假設自己提到「彈出來」會讓媽媽發笑，而另一個沒看過這個玩具的大人，就需要對他做更多解釋。**寶寶周遭的大人越能跟隨寶寶的注意焦點，寶寶就能越快正確假設其他人已知的事**，這對於對話來說是非常重要的一件事。由此可知，每日的遊戲時間對於這個能力的培養有多重要。我在診所見過許多寶寶，他們不曾有過這些經驗，因此跟他們對話變得非常困難。

莎拉和我第一次見面時，她一進到房間就說：「他越大越大越大然後破掉！」我花了很長時間才弄清楚，原來她跟其他寶寶先前在吹氣球，吹到氣球破了。她沒有想到我當時並不在場，所以不知道她說的是氣球。」

不管你有多麼享受這段對話，千萬不要試圖讓對話繼續下去，有時候寶寶的注意力仍會從某物快速移到另一物，讓寶寶清楚了解這麼做沒有關係，你跟從前一樣談論他的興趣焦點即可。寶寶現在有較多時候，可能還是較長時間地專注在吸引他感興趣的物品或活動上，你可以針對接近他想法的事進行「連續的實況解說」，例如：「好大的汽車！它正爬上、爬上、爬上坡，現在在頂端了，然後下來了。」配合他的注意焦點發言，是他唯一能傾聽你的方式，顯然也是他學習語言的最佳方式。

完全避免引導寶寶仍非常重要。他的注意力程度現在已可傾聽遊戲中原有的指令，如穿衣時跟寶寶玩「手在哪裡？」的遊戲。「連續的實況解說」仍是讓寶寶聽起來最輕鬆也最能享受樂趣的方式。寶寶與你共享經驗的方式是，增添他正在做的事的樂趣，而不是大人干預他的活動。（當然，如果寶寶對塗寫展現出興趣，告訴他「把蠟筆從架子上拿下來」並沒有錯。這仍算是跟隨寶寶的興趣。）

完全避免引導寶寶。

不要忍不住在這個階段試圖轉移寶寶的注意焦點，他正準備達到能應大人要求做到這件事的階段，所以最好等他自己達到這個階段。此時轉移寶寶的注意焦點，很容易阻礙他的注意力發展，如果他專注在某事上，而你試圖轉變他的注意力焦點，很可能使他在一個注意焦點與另一個焦點間快速轉換，造成注意力「分散」，如果這種狀況經常發生，可能造成寶寶的注意力極度破碎。

我在診所裡看過許多寶寶，有的已經七、八歲，但注意力卻稍縱即逝，他們可以在半小時內翻過好幾個遊戲箱中的內容物，卻無法從任何器材受益或學到任何事。我最近看過一個托兒所的小女孩黛娜。她的照護者注意到，黛娜現在有時可以聽從大人指令，有時候卻無法聽從指令，讓她很挫折。當我走進診間時，她正扶著黛娜的頭，要她專注在某個算數任務上。每次她扶著黛娜的頭，小女孩的眼睛就快速飄往完全不同的方向，我不知道他們兩個是誰比較挫折。

在你跟隨寶寶興趣焦點的同時，請順道帶入大量的新詞語。寶寶會以極快的速度吸收這些新詞語。你可運用各種類型的詞語，不用擔心詞語太長或太複雜。只要把它們用在情境中，寶寶都會覺得很有趣。

運用大量的新詞語。

★幫助寶寶繼續享受傾聽的樂趣

安靜的環境仍是最重要的條件，但給予寶寶機會覺得傾聽很輕鬆、愉快並充滿樂趣也很重要。你可爲寶寶的玩具箱新添一兩項新的聲響玩具，例如錫罐裝乾豆或樂器玩具，並鼓勵寶寶玩這些玩具。此外，爲寶寶選購一些可發出不同聲音的書籍，讓寶寶傾聽書中角色從事活動所產生的聲音也會很有趣，如玩水時的泡泡聲，以及壓扁黏土或彩泥時發出的「吧唧」聲等。

找一些讓傾聽變有趣的新聲音。

★遊戲時間持續使用短句

寶寶在這個年齡階段結束前，已能聽懂大部分你說的話，因此你會自然而然開始用相當長的句子跟他說話，但在遊戲時間內，仍需要限制句子的長度。

請盡量說不超過三個重要詞語的句子，如「強尼等一下要去公園」。如果你的句子在這個階段比這句要長許多，寶寶要花上更久時間才能聽清楚每個詞語的語音，也很可能沒注意到句子中所有的詞語，因爲他正忙於聽懂它們的意思。

遊戲時間內使用的句子最好不要超過三個重要詞語。

跟寶寶說話時請用比跟大人說話稍微緩慢並響亮一點的聲音，語調要有高低起伏，這種說話方式最能吸引寶寶的注意力，也最能讓他們聽見，並注意到每個詞語的語音。句子之間必須停頓，讓寶寶有時間消化你說的話。**請持續使用事物的名稱而非代名詞**，你可能會覺得寶寶已經認識這些名稱了，但如果寶寶仍不像你所想的這麼清楚，這麼做將可以幫他很大的忙。

說話時放慢速度、提高音量並語調起伏。

★稍微擴展他所說的話

在這個階段，對寶寶最有幫助的做法是，把寶寶說過的話再重複一次，但要稍加擴展。例如，如果他說：「媽咪去」，你可以回答：「對，媽媽要去工作了。」如果他說：「想喝」，你可以說：「你想喝東西嗎？這裡有水喝。」相同的，如果他說：「泰迪熊倒」，你可以說「對，

泰迪熊倒下來了。」他說：「爸爸去商店」時，你可以說：「對，爸爸去商店了。」

這種做法跟寶寶日後增加的句子長度有關，不僅極有利於提供寶寶文法結構的資訊，也能維持共享注意力。（絕不要讓寶寶感覺你在糾正他，記得首要原則是永遠以「對，」來開始你的句子。）

不要給寶寶你在糾正他的感覺。

如果寶寶說某詞語的方式讓人難以理解，你可把這些詞語分別放在幾個短句中，給寶寶機會聽清楚這些詞語裡有什麼語音。我自己其中一個寶寶在這個階段把「餅乾」說成「乾」。如果不是每個人都聽懂他的意思，他還會因此生氣。我刻意對他說很多包含這個詞的短句，如「很棒的餅乾」「配茶的餅乾」「我喜歡餅乾」等等，寶寶不久就注意到這個詞裡所有的語音。再次強調，你要非常謹慎**不要給寶寶你在糾正他的感覺**。

★表現給他看你是什麼意思

運用手勢仍能讓寶寶明確知道你指的是什麼，尤其是如果你覺得可能會用到新詞語的時候。這麼做也有助於讓他了解你確切的意思，例如，給他看什麼叫玩具「不停地轉」，或說：「我們會打開抽屜，把鉛筆放進去」時，同時這麼做。

說話的同時搭配運用手勢。

★配合發生的事發出擬聲詞

擬聲詞有好幾個非常有用的功能，這類聲音可以讓寶寶分別聽到不同的語音，例如掃地時的「唰唰」聲，或是水流的「嘩嘩」聲。這些聲音也可以讓寶寶感受到傾聽聲音非常有趣。在這個階段，配合書上合適的圖片說出這些聲音尤其很有幫助，並在寶寶未來連結聽到的聲音，及其書寫形式時助其一臂之力。

配合書裡的圖片發出擬聲詞。

★不斷對寶寶大量重複的說話

寶寶需要聽相同的詞語許多次，才能準確記得詞語中所有的語音，並正確說出這些詞語。

馬克生了一次歷時很久且很嚴重的病，因此錯失了許多遊戲與語言的經驗。我到學校去看馬克，老師告訴我，他和馬克曾有以下對話：

馬克：我想見G老師（另一名老師）。

老師：G老師很忙。

馬克：我想見B老師（另一名老師）。

老師：B老師很忙。

馬克：我想見很忙。

馬克顯然不曾在不同情境下聽到「很忙」這個詞，因此不知道它的意思，甚至不知道它是哪種類型的詞語，他把「很忙」當作名稱使用。只有在許多情境下反覆聽到這個詞，如「馬克正忙著玩積木」「爸爸忙著煮晚餐」「媽媽忙著寫東西」等，他才能學會完整的意思。

寶寶在越多不同的情境下聽到某詞語，就能越快完整地理解它的意思。舉例，有些寶寶可能只在自己家養的小狗出現時，聽到「狗」這個詞語。相較於曾在其他背景與情境下聽過這個詞語的寶寶，前者要花許久時間才能理解這個詞語，也指稱許多特徵相同的四腳動物。不同的句子如「狗狗在吃東西」「他在追那隻狗」「狗狗太熱了」「狗狗很友善」等，將有助於寶寶清楚理解這是什麼動物。

在運用新詞語時，重複是非常重要的。

在這個階段使用新詞語時，重複尤其重要。大量重複不僅有趣，也能快速擴增寶寶的詞彙能力。把這些詞語放進越多不同的短句中，寶寶就能越快充分理解這些詞語的意思。例如，你可以說：「泰迪熊想喝可可。泰迪熊的可可。這是給泰迪熊的可可。」

★把寶寶的意思說給他聽

很多時候你明確知道寶寶是什麼意思，但寶寶還沒有以口語充分表達的能力，他仍需要使用大量的手勢與比手畫腳，並加上咿啊聲作爲贅詞。把寶寶的意思說給他聽對他有很大的幫助。例如，寶寶可能往窗外看，興奮地揮舞手臂，並說：「小鳥、小鳥、小鳥！」此時你可以說：

「對，有很多小鳥，牠們全都在飛，牠們一起飛。」

請你不要這樣做！

絕不要要求寶寶說或重複某詞語或聲音。我們只負責語言輸入的部分，讓寶寶負責自己的語言輸出。如果寶寶發音錯誤、句構混亂或遺漏某些語音或音節，他只需要清楚聽到該詞語或句子許多次，而得知自己沒有把某詞語說對的訊息對他則毫無幫助。

永遠不要評論寶寶說得如何或說了什麼話，寶寶很清楚知道，這並非正常溝通的一部分，只會因此感到忸怩。**不管他以何種方式溝通，只要回應他溝通的事就好。**

不要讓寶寶感到忸怩。

如何問寶寶問題

跟寶寶談論發生過或即將發生的事情時，問寶寶一些反問句，或許可以幫助寶寶更容易記起某事。我們希望寶寶能專注傾聽你所說的話，而不是試著去想問題的答案。請控制一次對話最多只問幾個問題就好，如果寶寶沒有要回答的意願，請你務必自己回答這些問題。

不要問你已經知道答案的問題。

絕不要問寶寶「測試型問題」來讓他回答，如果你不確定是否要問問題，問你自己是否知道答案，知道答案就不要問問題。寶寶知道這不是自然的溝通模式，而且如果他不知道答案，其實也只是徒增他的壓力而已。

跟寶寶獨處半小時以外的時間，你可以做什麼？

★保持例行活動的一致性。

★確保有人大量跟寶寶說他一天的例行活動與經驗。

★每天跟寶寶分享一本書。

★能跟寶寶解釋正發生什麼事的時候，盡量讓寶寶參與對話。

階段8 兩歲至兩歲半

永遠先肯定孩子說的話，再複述給他聽

孩子到了這個階段，已變成幼兒，他見過大人所從事的活動，並且激發他想去嘗試的熱情，這股熱情有時能造就出有趣的家庭時光。例如，我兒子因爲想知道種植球莖是怎麼一回事，竟把自己的積木到處種在我的花床上！孩子在情感上對你仍極度依賴，可能故意延長就寢前的例行活動，好讓你多陪在他身邊，我女兒在這個階段就說服我，每天就寢前至少要讀三本書和三首唸謠給她聽才行。

孩子仍需隨時有大人監控，這是最常發生意外的年齡，因爲孩子想一探究竟的強烈欲望，與他對世界的經驗不成正比，這可能導致孩子出現一些大人無法接受的行爲。舉例來說，孩子把顏料畫在紙上的喜悅，可能會讓他趁機把顏料塗在牆上、地板與家具上。

孩子現在可能比較堅持自己的主張，如果事情不稱自己的意便大發雷霆。其實**有時候連孩子都會對自己的情緒有些畏懼，需要大人果斷、溫和但堅定地告訴他可以做什麼、不能做什麼**。當孩子意志堅定地想靠自己的力量完成某任務如拼圖，但你知道他可能需要一些協助才不致於太挫折時，就必須發揮你的外交手腕。

孩子兩歲至兩歲三個月時

語言發展

孩子在這個時期之初，已經能了解相當長且複雜的句子。他對於日常生活的事件順序，以及詞語分類的理解力不斷增加，也越來越有效率。例如，他知道有衣物這個類別的名稱時，在穿衣的情境下就能輕易理解如「背心」這種新詞。他已有球類遊戲的經驗，並了解東西以不同速度移動的知識，使他很容易在該情境下了解「慢慢地」是什麼意思。孩子現在也能理解越來越小的子類別，例如身體部位中的眉毛與膝蓋，衣物類別中的領子和扣環。他現在已能了解「較大」「較小」，甚至「一個」與「許多」這些詞。

孩子現在懂的動詞也多了許多，可正確指出小孩在做不同事情的圖片。

他的口語詞彙大約在兩百個左右，有些孩子一天增加多達十個新詞彙。此時期開始時，多數孩子主要是用兩個詞語的句子，偶爾才用到三個詞語的句子。兩個詞語的句子多半包含人或物的名稱，以及一些動作詞語，如「孩子睡」「球不見了」。

孩子現在已開始使用一些代名詞如你的、他的，但一開始通常用法有些混淆。這個階段也會經常跟自己說話，例如玩的時候一邊喋喋不休地說自己在做什麼，但他並沒有針對任何人，這種情況彷彿是他在練習如何拼湊詞語，正如格賽爾所說的，孩子「邊活動邊說話，邊說話邊活動」。

雖然孩子理解多數有關發起、維持與修補對話的規則，但真的參與某對話時，他這部分的貢獻可能會不太連貫，尤其是在一對一的情境以外的時候，大人仍需負責多數的工作。孩子在聊曾發生在自己身上的趣事時，通常是最流利的，但在這個階段，孩子多半是以現在式來說這些事，例如「去公園」，可能意味著他先前去過公園。他也可能用這些短句來請求大人協助他的需求，如「洗手」，或我女兒小時候常說代表要洗手的「手指黏黏！」

孩子現在會說的三個詞語的短句越來越多，建構這些句子有好幾種方式，有些是延伸孩子已說了好一陣子的雙詞短句，例如「珍妮車車」，可能變成「珍妮大車車」。包含雙詞的短語也可能被拼湊在一起。同樣也常是那些他已經運用好一陣子的短語，如「媽媽洗」和「洗頭髮」，現在可能被組合成「媽媽洗頭髮」。有些句子則可能是詞語組合而成，例如「我要晚餐」或「泰迪熊打球」。孩子現在的口語仍是電報式的，會遺漏一些字，但這種情況在接下來的幾個月會逐漸好轉，用語的次序也會越來越正確，當代名詞的用法越來越正確，孩子會開始用「我」來稱呼自己。

孩子現在開始詢問的問題越來越多，最新進展是他會問：「那是什麼？」他也開始使用越來越多問句如「媽媽哪裡？」或「什麼晚餐？」來獲取資訊與注意力，如果這些問題沒有達到目的，他仍會以拉扯與抓住你的方式來傳達他的意思。

整體發展

孩子現在可以到處趴趴走，甚至踮腳尖行走。他可以在不用雙手的情況下，從跪姿站起來，靈敏地爬上某器材，或爬上椅子去拿物品，甚至以單腳站立。過去身體的平衡與控制耗費了孩子

大量的注意力，現在孩子對身體掌控度的熟練度，讓他更容易專注在正在發生的事與他人所說的話上。

孩子現在更意識到自己是一個獨立的個體，也更意識到他人的需求與感受。他喜歡做一些事情，如不靠大人幫忙自己洗手來宣示獨立。（但其他時候，尤其是他累了或不舒服的時候，則會回復到極度依賴的狀態。）

孩子與其他幼兒的社交接觸仍然很少且短暫，不過他可能偶爾願意分享玩具，展現出最初的合作形式。

注意力

這個年紀的孩子會出現重要的注意力發展。他第一次可以接受大人的引導，不過僅限於特定情境。孩子全神貫注於某事的情形會維持一陣子，但他在注意力沒有這麼專注的時候，可以回應你吸引他去注意某事的聲音，並轉移注意力焦點到那件事上。孩子的注意力現在仍爲單一面向，你必須了解他在做某事時無法同時傾聽——他必須停下手中的事，等他不再聽了，才有辦法繼續進行這件事。

我第一次見到莫里斯時他四歲，他很帥、個頭比同齡的孩子高大，但口語發展非常遲緩。他在幾分鐘內逐一翻空了兩箱的玩具，完全沒把母親對遊戲的建議聽進去。接著他鎖定一輛小火車，推著它在軌道上一圈圈地跑，同樣完全把母親說的話當耳邊風。他母親表示這是他的典型行爲，他想跟莫里斯溝通，卻無計可施。

很幸運的，我們對莫里斯的環境做了適當的調整後，他的注意力開始發展。莫里斯的母親了解並體認到他所處的注意力階段後，跟莫里斯建立起一對一的安靜時間，在這段時間內只跟隨他的注意力焦點說話，於是莫里斯開始進步了。三週後看到他，他已經可以停下自己在做的事聽母親說話，對別人說的話也理解許多。

孩子仍然很容易分心，外來的噪音或其他事件會讓他停止聽你說話。許多因環境因素導致注意力無法良好發展的孩子，他們要不是注意力極短暫，就是注意力無法轉換、完全無法同時聽別人在說什麼，這種狀況很容易持續到國小甚至更大的年紀，對他們的學習進展造成毀滅性的影響。

聽力

如果你一直遵循兒語潛能開發，只要環境安靜，孩子傾聽想聽的聲音並過濾掉不想聽的聲音的能力，現在應該在所有環境中都能發揮。孩子現在對於周遭聲音來源與意義的知識非常廣泛，另一個重要的新進展是，他現在聽到新的聲音會詢問其來源，如果他不喜歡自己聽到的噪音，也會讓你知道！

孩子兩歲三個月至兩歲半時

語言發展

孩子現在已認得更多動詞的意思，在大人對他說過這些動詞之後，他能分別指出各種不同活動的圖片。

孩子已較理解問句，並能合宜地回應「××在哪裡？」的問題——看向所指的物品或跑去把它拿來。

孩子現在認得越來越多各類事物的名稱，例如食物、餐具與家庭成員的名稱。他知道家庭成員有「奶奶」「姊姊」等名稱，因此很容易連接新名稱的意義，如「姑姑」。

孩子現在能以物品的用途來辨識它們，如正確辨識「你在吃的東西」或「你穿在身上的東西」。

孩子這階段最大的成就是，在沒有線索輔助的情況下理解語言。例如，你提到要去買東西時，他就趕快去拿鞋子，而過去你要把購物袋拿出來他才會去拿鞋。孩子現在甚至以更廣泛的方式來運用語言，在問答與表達情緒上更爲熟練，他現在也會運用語言來主張自己的獨立。以前大人要幫他把黏糊糊的手指頭擦乾淨時，他可能推開大人的手，現在則會堅定地說：「我自己來」。

孩子用字的順序會跟大人越來越一致，他似乎漸漸注意到大人如何建構語法正確的句子。他現在會問更多問題，也能較清楚地表達自己到底想知道什麼，例如他會問：「××在哪裡？」以及需要對方回答是或不是的問題，如「蘇西帽子？」

雖然孩子在口語溝通上進步神速，但他畢竟加入這個世界的時間不長，距離成為技巧嫻熟的對話者還很遙遠，他可能在你們日常遊戲時間溝通無礙，因為在這個情境中，他最能輕鬆運用所有的溝通技巧，但在其他情境中，仍需要許多協助，很多時候他對於對話的提議毫無反應，主要原因是他的注意力仍為單一面向，而在一般情境中，他並非隨時都跟大人的注意力焦點一致。

整體發展

同樣的，孩子語言發展的進步必須歸功於其他領域的發展，他的身體掌控度更成熟了，現在已經可以雙腳跳起，爬上或爬進遊戲室的器材。他終於會踢球了，雖然力道很輕且不太平衡。他也開始踩三輪車，這是另一項可能成為終身樂趣的一大成就，而且他可以控制推行玩具的方向。

孩子的手眼協調正快速改善，他可以正確地完成簡單的拼圖，並疊起約八塊積木，為積木小火車加上煙囪，也可以仿效搭起三塊積木的橋。孩子用筆的控制力增強，可以仿效畫叉叉。他可以配對主要顏色，也能根據物品的大小加以分類。

孩子社會化的過程飛速發展。他現在會跟另一個人一起玩，而且通常很合作，但如果他拒絕做某事，你可以跟他商量，例如，你可以說：「午餐後吃餅乾，不是現在吃。」他也能接受。他可能願意幫忙收拾物品，嘗試穿衣服時也能做得不錯，即使常會把衣服穿反。他現在可以用叉子和湯匙餵自己，並且在不需太多協助之下自己洗手與擦乾手，也能自己去廁所。

注意力

孩子現在可能比較容易接受你的引導，但仍然只有他的注意力並未全神貫注在他所做或看的事情上時。孩子這種剛萌生能接受引導的狀態，需要大人以極度謹慎的態度與相當的敏感度來面對。正如我們先前提到的，如果你很開心孩子現在能聽從引導了，然後就開始大量地引導他，你們兩個都會感覺很挫折，尤其他現在遵循引導的能力仍非常受限。

當你眞的需要引導孩子時，有幾個規則必須遵守：

★如果你希望他停下手邊的事，然後到桌子這邊來，你需要給他大量的預先提醒。期待孩子突然變換活動，時常成爲孩子兩歲執拗期（terrible twos）大發雷霆的導火線。

★孩子只有專注在你身上時能遵循你的引導。

★引導孩子的目的最好是爲了增添活動的樂趣，如以湯匙接近他嘴巴時說：「飛機來了」。

★在事件發生前引導孩子，對他比較有幫助，如在熟悉的穿衣順序下說：「接著是穿你的褲子」。

有趣的是孩子現在也開始給自己引導，例如他在玩積木時說：「把它放在那裡。現在把那個放上去。」

聽力

孩子在安靜的環境中輕鬆傾聽的能力現在應該已經成熟，如果他突然出現不像從前聽得那麼清楚的狀態，請務必帶他去檢查聽力。

耳朵、鼻子和喉嚨發炎是幼兒園階段的小孩很常見的狀況，甚至可能造成輕微聽損，導致原本沒有聽力問題的孩子出現異狀。這類聽損可能每天，甚至每小時狀況都不同，導致傾聽變得困難而混亂，孩子則可能專注於看與觸摸，而非聽力上。

這樣和孩子玩遊戲

研究型遊戲與假想遊戲在此時期蓬勃發展，後者現在更發展爲眞正的想像遊戲。孩子現在大多時間都很喜歡你參與他的遊戲，也樂於接受能幫助他延伸這些遊戲的建議。（對孩子的需求保持敏感度很重要，有時候孩子就是想做自己的事。）

研究型遊戲

孩子現在對於遊戲器材、玩具以及遊戲方式的探索沒有界限，他對身體的控制力與手眼協調的進步，使他在這方面有驚人的進展。他還是很熱中前一個年齡階段喜歡從事的許多活動，但是以較爲靈巧與細緻的方式進行。

他現在可以踢與接大型的球，也可能覺得箱子等其他東西踢起來更容易。很多孩子在這個時期開始時，第一次會踩三輪車了，他們通常會非常興奮。

孩子現在有能力疊起八塊積木，小心地將每一塊擺放在另一塊上面。他控制蠟筆與鉛筆的技巧更熟練了，能畫出明確的記號，也能模仿橫向筆劃，他開始享受其他繪畫工具的樂趣，如粉筆與顏料。孩子現在能靈巧地串珠，並首次接觸到剪刀。如果大人示範給孩子看如何握剪刀，孩子可以剪斷紙，並且樂在其中。他現在對於操作工具類的玩具能更快上手，例如螺絲玩具或敲木樁玩具，並且玩的時間比先前長。

這個年齡的孩子對於配對與分類極感興趣，這些活動能讓他比較不同尺寸、形狀與顏色，帶給他關於各種材料的寶貴知識，也有助於他發展「空的」與「滿的」、「堅硬的」與「可彎的」等許多概念，他現在不僅喜歡比較不同的物品，也喜歡配對小型物品與圖片。多數這個年齡的孩子都喜歡拼圖，而且比過去玩更長時間。

假想遊戲

假想遊戲在這個時期蓬勃發展，孩子對自己周遭所看到的家務活動興致高昂，如家事和園藝，這反映出他強烈地想了解大人在做什麼，以及做這些事情的用意。他可以長時間專注看著這些事，記住並模仿自己所看見的事，興高采烈地把這些活動帶進自己的遊戲裡。（但剛開始時，他不一定會把事情做對。）

假想遊戲在稍早的階段，孩子是以單一動作來運用物品，例如假裝梳頭髮或用杯子喝水。他現在不僅記得單一動作，還有全套順序，例如他可能坐下，假裝戴上眼鏡，然後拿出報紙；可能在玩水時重現整套清洗餐具的順序：拿盤子與餐具，清洗，擦乾然後收起來。他也可能幫娃娃戴上帽子，放進推車，然後帶他出去散步。這些模仿有助於他區別自己與他人。

另一個發展是泰迪熊與娃娃角色的改變。孩子在稍早時期會把娃娃和泰迪熊帶進遊戲中，但仍是作爲較被動的角色；它們現在變主動了，泰迪熊可能把杯子遞回來再要一杯水，娃娃也可能跳起來去接球。孩子很喜歡大人參與這個遊戲，然後示範給他看，可以如何把動作融入自己的遊戲順序中來延伸遊戲。你可以建議他如娃娃在洗完澡之後可能會想喝水，或把娃娃送上床蓋好棉被後親他一下。

想像型遊戲

眞實的想像遊戲——孩子不僅重現自己看過的事件，並開始以新方式結合這些事件來創造故事——在這個時期開始萌生且蓬勃發展。孩子現在更能理解他人的感受與需求，也開始更常想像自己是另一個人，他最可能扮演母親、父親或日常生活中他最常觀察到的人，而他扮演這些角色時，娃娃或泰迪熊最常代替他原有的角色。例如，當他扮演媽媽的時候，他可能拿起購物袋，把泰迪熊放進嬰兒車裡，然後假裝去商店購物。這些想像的順序有助於讓他弄清楚，做爲另一個人、做他們做的事是什麼感覺。角色互換——如輪流擔任店主與客人的角色——是孩子非常喜歡的遊戲。孩子同樣藉由體驗來理解這些人做這些事的感覺與意義。

孩子也很喜歡跟模型玩具長時間地玩想像型遊戲，他會廣泛且充滿想像地玩娃娃屋與家具、動物園或農場動物組，也可能假裝餵娃娃的圖片吃東西。在這個年齡結束前，他甚至可能創造出人物，例如其他來商店的客人，或來動物園玩的假想人物。他的想像建構非常詳盡，詳細到可能希望它們在原處過夜，這樣他明天還可以繼續跟它們玩！

電視與影片

請繼續遵守先前的規則：

★把孩子看電視或影片的時間限制在一天半小時內。

★跟孩子一起看，並討論你們所看的內容。

★不要選擇飛行火車或會講話的動物等，可能造成孩子混淆的幻想型影片。孩子尚未完全理解世界如何運作。

★選擇影片與電視的標準，也同樣適用於書本的選擇。他會喜歡跟他做同樣事情的熟悉角色，也會喜歡認識相同的角色，並看他們重演熟悉的事件順序。

★童謠與音樂對孩子仍有強大的吸引力，幽默的內容也是，尤其是趣味小短劇。

★正如書本一樣，孩子也喜歡節目裡有讓他感興趣的概念，如大小與數字。

★孩子喜歡講一些小故事的節目，就像有人說故事給他聽一樣，他會喜歡生動的聲音與戲劇化的闡述。

玩具可分為鼓勵探索型與假想遊戲兩種，但正如其他年齡階段的孩子，他們運用這些玩具的方式可能十分出人意表。

研究型遊戲：

★不同尺寸與顏色的紙
★顏料與筆刷
★粉筆
★塑膠剪刀
★三輪車
★圖片樂透（譯註：picture lotto與賓果遊戲玩法相同，數字以圖片取代）
★更多拼圖
★更多箱子

假想遊戲：

★放錢的抽屜與錢
★鍋子
★更多園藝或家事器材

請持續每日與孩子共讀一本書，沒有任何事比這麼做對孩子日後的閱讀更有益處，但絕對不要試著在這個階段教孩子閱讀，現階段最重要的是跟孩子共享愉快的時光，把他帶入閱讀的神奇世界中。孩子將吸收許多重要資訊，如閱讀是

由左至右、圖和字彼此相關，還有最重要的一點是，閱讀樂趣無窮。孩子仍然喜愛關於他日常生活中熟悉事件的故事，這些故事有時可能跟他的遊戲效果相同，可引領你們討論過去與未來的事件。現階段故事可以長一些，最好搭配貼近生活、色彩鮮明的圖片。孩子會很喜歡有大量細節的書。結合有趣故事與吸引人圖片的書籍是最佳選擇。

孩子會很喜歡出現在好幾本書裡的特定角色，這些角色很快會變成跟老朋友一樣，讓人自在熟悉，他會喜歡討論他們的感覺與動機，以及他們的活動。

孩子特別喜歡關於自己的故事，根據你們相簿所編的故事，就是他非常樂在其中的故事。

孩子仍非常喜歡童謠，且童謠對孩子也很有益處，這些童謠是閱讀非常重要的前奏曲，請確認自己的聲音非常生動，並強調童謠中的節奏。

書本的內容，以包含大量三個重要詞語的句子爲佳，如「奶奶遺失了帽子」「他吹熄蠟燭」等。

孩子仍對大小、多寡等概念很有興趣，他們會喜歡以圖說明這些概念的書籍。

（但孩子這時期並不需要大量的新書，因爲他仍喜歡重複熟悉的故事。）

寶貝觀察紀錄

寶寶兩歲半時的表現：

★使用多達兩百個詞語，甚至更多。
★跟自己說正發生了什麼事。
★問「什麼？」和「哪裡？」的問題。
★把三個詞語連結在一起。
★以「我」稱呼自己。

媽咪要注意

寶寶滿兩歲半時，如果有以下情形，請尋求專業意見：

★孩子運用的詞彙數量並未增加。
★孩子主要仍使用單詞，而非連用兩詞。
★你常聽不懂他說了什麼。
★孩子似乎不希望你跟他玩。
★孩子並未出現任何假想或想像型遊戲。
★孩子似乎聽不懂你說的話，除非你把它簡化到很簡單。
★孩子大部分的注意力時間大多非常短暫。

兒語潛能開發這樣做

盡可能提供孩子最好的環境，這段時間對孩子仍有非常多好處，不僅語言發展，在遊戲、注意力與情緒發展上更是如此。美國與英國許多研究都指出，**語言發展遲緩的孩子有極高比例都有情緒問題**，這並不意外，我們不難想像無法了解別人說什麼，也無法讓別人聽懂自己說什麼的挫折。

跟孩子解釋他為什麼可以與為什麼不能做某些事。

語言和情緒發展間的關聯，在兩歲執拗期這個階段尤其重要。這個年齡的孩子開始把自己視爲獨立的人，在堅持己見的過程中，經常出現叛逆行爲，而拒絕去做大人要求的事。我們可以跟孩子解釋爲什麼他不能做某事，並且與他協商，來避免挫折，如果孩子有很好的語言理解力，你就比較容易做到這件事。相反的，語言能力有限的孩子，通常只覺得大人會霸道地阻止他想做的事，而且逼迫他做不想做的事。

孩子之間的互動也受到理解與運用語言能力的影響。美國一項有趣的研究發現，孩子的語言理解程度可預測出他們受歡迎的程度。

四歲的丹恩，因爲說話程度像兩歲的孩子而被帶來看診。他的母親表示，丹恩無法交朋友這件事讓他很苦惱。他邀請其他孩子到家裡玩，並帶他們進行一些有趣的活動，但最後總以爭吵和眼淚不歡而散。丹恩跟母親開始進行兒語潛能開發後，丹恩的語言能力很快就趕上了，他母親也注意到他和其他孩子開始討論他們要做些什麼，並以協商、建立規則來取代爭吵。於是丹恩的人際關係開始改善，六個月後，他的語言與社交互動已達到合乎他年齡的正常狀況。

孩子摯愛的大人一心一意的專注他，能讓他感到安心且有信心，並能紓解孩子藉由其他方式（通常是以調皮搗蛋的行爲）來獲取大人關注的巨大壓力。我見過許多孩子開始接受兒語潛能開發後，情緒平穩許多，即使他們尚未有充足的語言輸入增加其理解。

我第一次見到三歲的泰笛時，他非常緊繃，感覺似乎一觸即發。他的動作顫抖，協調性看起來很差。他和母親處於惡性循環，爲了獲取母親的注意力，他的行爲越來越偏差，母親則對此感到很挫折，於是越來越疏遠他。但是當泰笛發現，他每天不管表現如何，都可以跟母親有固定的遊戲時間後，調皮搗蛋的行爲幾天後也開始逐漸消失。

你現在可以做很多事來豐富並強化孩子的遊戲。孩子正處於大人針對其需求敏感地給予建議，可協助其假想遊戲的想像能力大躍進的階段，孩子也能藉此了解許多運用遊戲器材的絕佳方式。

這個年紀的孩子被轉介至口語暨語言治療的人數最多。當我看到一些兒童缺乏與人遊戲的經驗時，總是感到很難過，比起大人對其遊戲方式感興趣，並示範如何做一些事的孩子，這些孩子的經驗非常受限。

親子固定的共同遊戲時間，可建立起許多能成爲極佳對話主題的共享經驗，這些對話對於促進孩子的語言發展及對世界的理解幫助非常大。

孩子的注意力現在可能進入一個有趣的新階段，大人對於這點以及如何協助孩子的意識，將極有利於他的發展，這種協助在一對一的環境中成效最佳。相反的，缺乏意識可能是大人與孩子的一大挫折來源，也很可能導致不愉快。舉例來說，如果你不了解孩子此時的注意力仍完全爲單一面向，卻在他忙於某件事的時候，期待他回答問題，若他不回答時，就可能被你誤認爲是不願配合。

一對一遊戲時間，環境一定要安靜

務必保持遊戲時間環境非常安靜，你和孩子不會受到干擾。請確認所有玩具都是完好的，而且放在孩子也知道的地方，孩子就不需要爲了找這些玩具而分心。

請確認你從事遊戲時間的環境非常安靜。

請保持地板或桌面有一塊淨空的區域，好讓孩子有足夠的空間可以玩。孩子有些假想遊戲可能需要相當大的空間，而且他現在可能希望玩具能留在原處過夜。

如何跟孩子說話

★持續與孩子共享注意焦點

你和孩子在遊戲時間中，持續共享注意焦點仍非常重要。隨著孩子年齡增長，你們的對話會出現越來越多與進行中的情境無關，而是關於過去的經驗，以及對未來的計畫。這對孩子的語言發展非常有益，大人可趁機運用，並讓孩子理解大量較複雜的句子，如「當我們去公園的時候……」或「我們去購物的時候，看到……」。

兩歲的安芮亞首次來我診所的前一天，父母帶他去了一家餐廳，第二天他仍非常興奮，想要演出這段新體驗給我看，不過他的問題出在不確定事件的順序，他一抵達就先付錢給服務生（就是我！）然後遞給我麵包券，整個遊戲順序都很混亂，顯然沒人在事前或事後跟安芮亞解釋過這件事。

跟孩子聊過去的經驗，可以讓孩子清楚日常生活事件的順序。沒有這些對話機會的孩子，遊戲時明顯表現出完全不清楚自己許多經驗的意義與目的，因此處於一個非常困惑的世界。

請確認這些與現在事件無關的對話，都是由孩子發起，並於他的注意力轉移時就結束對話，讓他全權控制你們對話中有多少時間是關於此時此刻的。這些對話的範圍可能很廣，包含有關感覺、動機與動作等討論。對話時請帶入大量新詞語，不要害怕以這種方式來擴展他的詞彙，只要你遵循他的興趣焦點，他就非常容易吸收這些詞彙。你可以用手勢，還有讓你說的話與當時確切發生的事連結，明確讓他知道你的意思。例如，積木疊起後倒下時你可以說，「現在倒下來了，喔天啊，已經倒下了。」

永遠跟隨孩子的注意焦點，同時帶入大量新詞彙。

這種共享的注意焦點，正如我們過去所說的，是後續的溝通與文化學習最重要的前導。英國一項有趣的研究指出，這些共享注意力的技能，是孩子四到五歲時，理解他人想法與感受的前兆，進而達到能與人「心靈接觸」的境地。

★幫助孩子發展遊戲方式

由於你們一直以來共享許多樂趣，孩子必然希望你能加入他的遊戲。正如你先前所做的，當你們一起玩的時候，請務必跟隨他當下的注意焦點，持續進行「連續的實況報導」，這種方式仍是絕佳的語言學習情境。

孩子現在正進入某些情況下可受大人引導的階段，但目前的遊戲時間最好先不要這樣做，最適宜的學習情況仍是遵循孩子所選的活動。有些父母一發現孩子有時能遵循自己的引導，便頻頻下指示。

奈杰四歲大的時候被帶來我這裡，因爲他的口語很不清楚。他先靠近玩具箱，但我一開口說話時，他立刻用手遮住耳朵。後來我觀察他與父母遊戲的情形時恍然大悟。他們倆——有時候還同時——不斷給奈杰一連串的指示，如「過來看這個」「現在來拼拼圖」「做完這個」「對，現在來疊積木」。然後一家人都越來越不愉快。

當你們一起玩時，例如假裝去看醫生，你可以讓他看處方箋；或如果你假裝是店主時，也可以給他看磅秤如何運作。給孩子看遊戲器材的不同用法也很有幫助。例如，孩子已熟悉如何疊起一個積木塔後，你可示範如何疊起兩個積木塔。**示範新活動給孩子看時，最好做完之後就放手讓他嘗試，如果他希望你進一步參與，一定會讓你知道**。

你現在對孩子是很有價值的遊戲夥伴，孩子現在很可能希望你提出建議，但是當孩子沉浸於某事時，他的注意力狀態並不適宜接受建議，此外，**請務必確保建議就是建議，不要變成指示，如果孩子對你的建議不感興趣，絕不要堅持這麼做**。

你可以提出建議來擴展孩子的遊戲方式。

一個加拿大的研究發現，母親較常干涉孩子遊戲，孩子的語言成就明顯低於母親跟隨孩子主導的小孩。

★協助孩子繼續享受傾聽的樂趣

讓孩子持續享有很多覺得傾聽很輕鬆、吸引人，並充滿樂趣的經驗。重複的唸謠與律動歌謠很適合進行活動。先前也提過，這些童謠可以讓孩子感受到押韻及語音如何拼湊成詞彙，有助於他日後學習閱讀，他也會喜歡你編一些跟他相關的韻文，搭配傳統曲調哼唱。

另一件在這個階段很有趣的事情是，孩子會很喜歡你拿咳嗽和打噴嚏開玩笑，並且覺得超級

好笑。

希望你現在對孩子的說話方式已是生動且音調起伏，比跟大人說話要緩慢且大聲一些。這會讓你的口語對孩子來說聽起來很輕鬆、很有吸引力。相同的，句子間的停頓也能協助孩子聽懂你說的話。

協助孩子繼續享受傾聽的樂趣。

你可以吸引孩子去聽他注意焦點所發出的聲音，例如你開關盒子所發出的聲音。他仍很喜歡聽「擬聲詞」，所以不要忘了這些聲音。

★把孩子的意思說給他聽

孩子現在有很多話要說，但仍沒有足夠的語言來表達。跟以前一樣，如果他有哪些詞語發音錯誤，你可把該詞語用在幾個短句裡，如「對～那是大猩猩。大猩猩很大。好大的猩猩！」

如果孩子的句子很混亂或不完整，你可以幫他說出他想說的話。例如，如果他說：「爸爸去了工作。」你可以回答：「對～爸爸去工作了。」這對孩子的對話技能發展很有幫助。**讓這些對話成爲自然對話的一部分，首要原則是都以「對～」來開啓句子。**

永遠以「對～」來開啟句子回應孩子。

有時我們可能會遇到聽不懂孩子說什麼的情況，只要讓孩子覺得是你的錯就好了。我通常會這麼說：「對不起，我沒有聽清楚。」如果必要的話，我會鼓勵孩子用手指出來，或以任何方式表達他的意思。

★遊戲時間保持句子簡短

在遊戲時間跟孩子說話的最佳方式，仍與你其他時間跟他說話的方式不同。孩子現在的理解很廣泛，你在遊戲時間以外，可以跟孩子閒聊。不過，孩子可能仍以電報式地使用二個至三個詞語的句子爲主，他的發音可能仍有許多不成熟的地方。爲了幫助孩子盡快度過這個階段，遊戲時間內帶入大量新詞彙的同時，也要保持句子的簡短，盡量把你的部分句子控制在不超過三個重要詞語，例如「泰迪熊從椅子上掉下來了」「到椅子上去，泰迪熊」「不要再掉下來了」等。

不要讓句子太長。

我最近在診所看一個聰明的小女孩，名叫瑪麗。她的詞彙以及組合句子的方式沒問題，但我發現要理解她說的話很困難，因爲她的語音有很多混淆的部分。她的母親完全聽得懂她說的話，她並未體認別人要聽懂瑪麗說的話有多困難。她平常會用很長的句子跟瑪麗說話，顯然瑪麗所有的注意力都耗費在理解這些句子的意義上。當瑪麗的母親開始在部分時間以短句跟瑪麗說話後，她的口語很快就變得清楚許多。

★大量重複新詞語

重複仍然對孩子很有幫助，尤其是你覺得可能會用到孩子不認識的詞語時。把新詞語放入不同的短句，可以讓孩子快速地理解。例如，你可以說：「我在切片。給馬鈴薯切片。這些是馬鈴薯的切片。」

★延伸孩子說的話

當孩子所說的詞語或句子不清楚時，請把他想說的話清晰的示範給他聽。在其他時候，可以延伸孩子說的話，並多加一些資訊，例如，孩子說：「媽咪去商店」時，你可以回應：「對～媽媽去了商店，她買了一雙新鞋子。」

稍微延伸孩子所說的話。

這些回應很有利於孩子的理解，這類延伸也能帶給孩子大量語法與語意的資訊，而且是以他最容易吸收的形式。當你這麼做時，永遠要以「對～」開啓句子來回應孩子，絕不要給孩子你在糾正他的感覺。

請你不要這樣做！

請確保不會有人去糾正孩子的口語，或要求他說或重複某些詞語或語音。大人該做的，是以最合適的方式對孩子說話，然後由孩子來負責自己所說的話。**我們不需要請孩子說或重複一些詞**

語或語音，這麼做只會妨礙他的語言發展，不要讓孩子覺得我們不喜歡他的說話方式。

如何跟孩子說話

除了我們先前提過的反問句，現在你可以問孩子一些問題了。例如：「那很有趣，不是嗎？」就是讓孩子知道，我們正在給他發言權。問孩子一些能幫助他記住事件順序的問題也很好。例如，「有東西在那隻大天鵝後面，記得嗎？」這個問題可能會讓他想起來還有一些小天鵝，不過請控制這些問題的數量。如果他不回答，請你務必自己回答。

絕不要爲了讓孩子回答而刻意問他問題，孩子其實很清楚，這不是正常溝通的方式。請限制你所用的負面語言，你仍需親自把孩子移開或靠近某物，而且以後會有充足的時間跟他解釋爲什麼禁止他做一些事，而有些事則不管他喜不喜歡都必須做。你尤其要控制自己說出「不行」的頻率，連大人都不喜歡聽這句話了，孩子當然也不喜歡，如此一來便能減少孩子對你大發雷霆的次數。

跟孩子獨處半小時以外的時間，你可以做什麼？

- 跟孩子聊他的每日例行活動。
- 跟孩子解釋爲什麼有些事他不能做，有些事則必須做。
- 明確地告訴孩子你們在說些什麼，協助孩子加入你們的對話。

階段9

兩歲半至三歲

孩子開始不斷問「爲什麼」開啓新話題

這階段的孩子非常迷人，他多數時間很順從、樂於助人、感情豐富，不過有時候如果他受到阻撓仍會大發脾氣。

雖然孩子想要獨立的欲望持續快速發展，不再時時刻刻需要你的關注，但他目前仍沒有什麼危機感，還是很需要大人時常看著，他們非常喜歡外出，待在外頭的時間更久，範圍更廣，也非常喜歡有其他父母和幼兒團體的陪伴。

孩子在情感上仍非常依賴你，並且會開始嫉妒自己的兄弟姊妹了。他現在吃東西技巧嫻熟，遊戲時間也較長，不過有時候，想轉移他的注意力就非常困難了，你可能辛苦安排了一個活動，結果他只玩了幾分鐘就突然失去興致，你只能草草收場。

孩子兩歲半至兩歲九個月時

語言發展

孩子能聽懂越來越複雜的句子，他不僅幾乎認識了所有常見物品的名稱與動作詞語，還有最常見的形容詞如厚薄、高矮，也開始理解介係詞，如果有人告訴他某物在另一個物品「裡面」或「上面」，他會看向正確的位置。他不再需要看到爸爸從圖書館借的書，才知道他和爸爸要去圖書館。但孩子現在從一個句子接收的資訊量仍限於兩個重要詞語，舉例來說，如果你要他拿一個杯子和一把湯匙，他可能只帶回杯子或湯匙其中一個。

孩子現在對於理解他人已知或未知的資訊有重大的進展，這是發展與家人以外的人對話至關重要的能力。例如，他很清楚送牛奶的人知道他喜歡牛奶和柳橙汁；也了解郵差知道他常會收到祖母寄來的明信片。

孩子現在說的話比較不像電報一樣僅有重點字，也能以有趣的新方式運用語言，他會開始以充滿想像力的方式說話，例如自己編一些小故事：「火車從隧道出來……爬上坡……然後掉下來了。」他開始會說出並描述自己塗寫的東西是什麼，例如看起來像一團亂線的東西其實是火車軌道。他也能夠說出自己完整的名字，並能正確回答「你是男孩還是女孩？」這類問題，如果孩子的對話夥伴不了解他說的話，他不僅可以重複自己說過的話，也可以改變說法來協助對方理解自己的意思。

許多孩子在這個年齡段結束前會開始問：「爲什麼？」他們很快體認到這個小小的問句有強

大的力量，可獲取資訊並讓對話持續進行，因此使用這個問句的頻率大爲增加！

整體發展

孩子現在不僅能兩腳一起跳，也能從樓梯最低那階跳下，他可以更容易地踩三輪車，較有力地踢球，也能配合音樂踏步前進，他覺得這樣非常有趣。

孩子進步的手眼協調與手部控制能力，使他的研究型與操作型遊戲都有相當程度的發展。他可以配對三角形和正方形等幾何形狀，也可以把紙摺成一半。他能辨認圖片中的小細節，並喜歡指給感興趣的大人看。

孩子現在能自己做很多事，他可以同時使用湯匙和叉子，也能穿脫簡單的衣物，他只需要少許幫忙，就能自己解開與扣上扣子。他會模仿一長串大人的動作，而且通常能做對。例如，他可能假裝倒了一杯茶，加入牛奶與糖，然後攪拌。在這時期結束前，他偶爾會開始參與跟其他孩子的遊戲，例如踢球或追逐。

注意力

孩子的注意力發展相較於上一個時期沒有重大的變化，他仍經常全神貫注於自己所選的物品或活動，在這些時間內他完全無法傾聽大人說話，在一些情況下或許可以把注意力焦點從自己正在做的事轉移到傾聽大人說的話，然後再回到原本的焦點上，但如果他在聚精會神的情況下就不行。他現在一次仍只能專注在一件事情上。

孩子仍非常容易分心，即使他停下手邊的事聽你說話，如果有其他事發生，如突然有噪音或有人進來房間，他馬上會停止聽你說話。如果你需要跟他談一些與他當下興趣焦點無關的事情，你必須謹慎挑選時間，在改變活動前先給孩子預警，例如告訴他：「我們等一下要去接湯姆放學。」等待他的注意力集中在你身上後再開口說話。如果你必須給他指示，請在動作之前先告訴他，如「穿上外套」，然後再把外套遞給他。

聽力

你的孩子在安靜的環境下不會有傾聽的問題，但與大人相比，孩子在吵雜的環境下傾聽會困難許多，所以如果孩子在吵雜的環境下回應得沒那麼好，請不要太過意外。

孩子兩歲九個月至三歲時

語言發展

孩子到了三歲時，不僅了解廣泛的介係詞、動詞與形容詞，甚至可由動作來辨識某人，例如正確回答：「哪個人在睡覺？」這類問題。他已相當清楚不同問題形式的意思，並能適切地回答「爲什麼……？」與「如何……？」等問題。

孩子從單一句子中理解的詞彙數量增加了，這個時期開始時，他只能輕鬆處理有兩個重要詞語的句子，如「泰迪熊想要他的帽子」或「你的鞋子在樓上」，但這個時期結束時，他能聽懂並

記得三個重要詞語的句子，如「把那個大的球給爸爸」。

另一個重要進展是，孩子現在能理解不直接表明的語意——這是很了不起的智能成就。舉例來說，孩子到了三歲時已知道，「等一下」代表他必須等候，但不是很長的時間。

他現在已學會許多關於動物、人與玩具的概念，不僅知道他們的顏色、形狀與大小，更重要的還有他們會做些什麼事、他們如何互動以及與他互動。因此，跟他日常生活相關的簡單故事變得很有意義，他能從這些故事得到極大的樂趣。

孩子現在知道其他人已具備什麼知識，以及什麼知識對他們來說是新的。因此他可能對一個陌生人說：「那裡面是我的寶寶。他叫喬伊。」但是他很清楚不需要告訴自己的家人這個資訊。他也發現了一件有趣的事——別人回答他「爲什麼」之後，他可以再以一個「爲什麼」來回應，而這樣做可以讓對話持續好一段時間！

孩子到了三歲，可能說出包含三至四個以上重要詞語的句子，例如「媽媽去買工作要穿的褲子。」或「爸爸等一下要坐車去台中。」他甚至可以把兩個句子連在一起，可能會用「然後」和「因爲」等連接詞，說出：「我們去公園，然後我把玩具挖土機弄掉了。」或「爸爸很生氣，因爲我把牛奶灑出來了。」孩子現在說的句子很少是電報式的，但語法上仍有不少錯誤，畢竟他不久前才學會這些。

孩子現在能自由運用語言來表達他最近的有趣經歷，並以大量細節描述他在圖片中看到的。他可以開始說一些小故事，雖然僅限於一兩個句子。他可能說：「汽車開在路上，然後碰到挖土機，然後他們撞在一起。」

孩子現在很容易發起對話，例如說：「媽媽妳聽」，或說「我想跟你說……」輪流對話的形式已根深柢固，到了這時期結束前，他甚至能應付輪流對話時的中斷狀況，例如他會等母親先停下來去接電話，再說完她剛才在說的話。孩子非常清楚對話夥伴的意圖，並理解對方是不是在問他問題，或是希望他釐清剛說過的話。

孩子不跟其他人對話時，也常常自言自語，似乎在練習把思想化為語言。這個時期開始時，他以語言來描述自己在做的事，到了三歲時，他可用語言來澄清自己的概念與想法。例如，他可能說：「這些都是大的……是強尼的。這些是小的，是寶寶的……」

他現在可以用語言來表達自己的問題，並傳達自己的感覺與需求。例如，他可能說：「我做不到」「我把球弄丟了」或「我很害怕」。他想抗拒做一些事時，也會用口語表示，如「我不想要」或「我不會」。話語可以幫助孩子思考自己的行為，以及其他人如何看待他的行為，他很渴望大人的認可，並會問：「這樣對嗎？」這類問題。

孩子對於這個美好世界的興趣無窮無盡，而他現在握有找出一切資訊的鑰匙，所以可能一直問個沒完，有時會把大人弄得筋疲力盡。

整體發展

孩子現在能左右腳輪流踩上階梯，也能拿著玩具倒著走或側著走。他可以把球丟到空中，然後伸長兩隻手去接，並可以有力地踢球，這讓他非常高興。他可以踩三輪車，不只是直線騎行，也能繞著廣闊的轉角騎。整體說來他更清楚自己的身體與周圍環境的關係，例如他能擠進什麼大

小的空間、如何爬到障礙物下方與上方，像是要低頭進入障礙物下方，或攀爬上矮圍牆。

孩子現在能更有技巧地運用雙手。他握起筆來有模有樣，以兩隻手指和大拇指抓握。他第一次試圖畫人，能畫出一個圓與兩條線來代表雙腿。他可以仿效畫出一個圓，以及配對六種顏色並說出其中一種的名稱，也能背誦一到五。他還能模仿以積木搭成橋，也可以疊起九至十塊積木。他可以把紙對摺兩次，更熟練地使用剪刀，並靈巧地把容器的蓋子蓋上及取下。

另一個有趣的發展是他開始組合遊戲器材。他會把汽車與積木放在一起玩，例如給汽車做一條道路或蓋一個車庫。他可能把司機放進火車頭中，或把包裹放上卡車。

孩子現在能熟練地操作日常生活的例行活動。例如，他能幫忙擺放餐具，從壺裡倒出飲料而不灑出來。他可以用杯子喝東西，而不會發生太多意外。他能在極少或沒有幫助的情況下洗手並擦乾手。他現在穿衣服的技術比較好了，但還是可能把鞋子穿錯腳。

孩子現在可能短暫地獨自玩耍，但仍需要有人持續看著他，也需要知道大人就在附近，他喜歡有大人加入他的想像遊戲。孩子現階段很可能仍是在其他孩子身旁玩，但他對其他小孩正在做的事會越來越有興趣，他開始懂得跟他們多一些互動，也開始萌生輪流玩的意識，舉例來說，他已經學到玩鞦韆、溜滑梯或踢球時要等輪到自己時才能玩的遊戲規則。

注意力

這三個月，孩子的注意力發展並無太大變化。

聽力

孩子對環境中聲音的知識更廣闊了，尤其是他現在能詢問自己所聽到的聲音是什麼意思。

這樣和孩子玩遊戲

孩子的研究型與假想遊戲在這個階段持續蓬勃發展。

以研究型遊戲來說，孩子的身體控制力與手眼協調，讓他能用手邊不同的遊戲器材做更多事。他使用剪刀與繪畫工具的技巧變好了，也能比較熟練地操作積木與玩具，例如螺絲玩具或串珠。孩子在研究過程中，持續學到許多有關顏色、形狀、大小與質地的資訊。假想遊戲現在開始蓬勃發展，可以納入廣泛的角色扮演，孩子現在喜歡角色互換並與大人輪流，例如一人當牙醫、一人當病患等。

你對他的遊戲貢獻極爲重要。以研究型遊戲而言，提供孩子合適的器材非常關鍵，**如果你告訴孩子並示範玩這些玩具的不同方式，他對這些器材的運用將更爲多元**。讓孩子有不同的經驗，如去農場、動物園、商店或公園，非常有益於他想像遊戲的發展。孩子會很喜歡日後重演這些經驗，來搞清楚這些事到底是怎麼一回事。

孩子需要時間觀察家人從事的活動，如烹飪與園藝。如果**跟孩子一起玩的大人能扮演孩子希望的角色，並建議孩子如何延伸這些角色，對孩子而言會是很棒的經驗**。舉例來說，大人可以示範給孩子看圖書館員怎麼在書上蓋章，甚至可以給孩子一個玩具印章。

研究型遊戲

孩子現在很喜歡許多動態遊戲，例如踩腳踏車、丟或踢球，也非常喜歡玩沙和玩水，他現在會以較複雜的方式玩這些遊戲，常把沙和水當作是遊戲活動的背景，而不是像先前一樣只研究他們的特性。他現在喜歡在水裡玩船，或在沙地裡做出道路讓汽車和其他交通工具通過。他很享受大型的遊樂設施如公園裡的盪鞦韆或溜滑梯，但需大人監控，也越來越喜歡在其他孩子附近玩耍。

他仍然喜歡配對、分類、依序排列顏色、形狀和大小，而且越來越熟練。他開始更精細地操作遊戲器材，更精準地用剪刀剪裁，並也喜歡模仿大人摺紙。他仍喜歡用鉛筆、蠟筆、粉筆等顏料塗寫，也會告訴你他畫的是什麼。他首度嘗試畫人，但只能畫出一個代表頭的圓形和代表雙腳的兩條線。

建造類玩具如大型的互接積木，現在被孩子用作許多不同的用途，例如建造道路和房子。正如沙和水一樣，這些器材現在被孩子拿來當作達成目的的工具，而非只是研究它們的特性而已。

假想遊戲

孩子現階段假想型遊戲非常活躍，不論你是觀察他玩、參與其中都會非常愉快。孩子會演出相當長的事件順序，非常準確地呈現他已觀察了好一陣子的大人活動。例如，他可能假裝清洗泰迪熊的衣物，把衣物放到外面去晾乾、燙平，然後再穿回泰迪熊身上。

他對角色扮演非常感興趣，喜歡打扮自己讓角色扮演更爲眞實。他喜歡假裝跟媽媽一樣踩著高跟鞋走來走去，或假裝爺爺在抽菸斗。他也覺得穿上消防員、護士或郵差制服超級好玩。他現在會重現較不常發生的事，例如去理髮院，並能呈現越來越多細節。舉例來說，他不只會假裝理髮師剪頭髮，也會仔細把客人肩上的落髮刷掉，並脫掉他的外罩。角色扮演可以幫助孩子理解世界，因爲所引發的討論涉及重溫記憶與理解事件的順序，對於孩子的思考與對話技巧也有極大幫助。

孩子用來代替其他物品的東西，外型上看起來可能不太擬眞，例如，他可以用一根繩子代表聽診器，用一張卡片代表書。到了三歲的時候，他可能不需要用任何替代物品，因爲他眞的開始發揮想像力了，他手裡拿著的繩子末端可能有一隻想像的小狗，他可能假裝在開公車然後跟想像的乘客說話，有時候甚至可能搞不清楚現實與想像，許多幼兒在這個時期都有想像的朋友。最近一個朋友說到她的兒子查理斯，被自己想像的故事嚇壞了，讓我啼笑皆非。查理斯說，有一個小男孩走進森林裡，天色越來越暗，他迷路了。查理斯越說越害怕，他母親還得提醒他，這不過只是一個故事而已，然後她趕快把故事導向快樂的結局。

孩子現在玩模型玩具的方式更有想像力，他開始結合不同模型來擴展遊戲。例如，他可能爲自己的汽車蓋一條道路，或爲飛機蓋一條跑道。孩子可能拿拖曳機來推小推車，然後把司機和乘客放進公車或火車裡。舉例來說，火車可能壞掉需要救援，也可能停在許多代表他去過不同地方的車站；農場與動物園的動物可能經歷各種冒險，例如外出然後迷路了，最後安全返家。娃娃和泰迪熊現在參與遊戲的時間更長了，孩子可能幫它們脫掉衣服、洗澡、餵它們吃東西，然後換上睡衣。指偶現在對孩子而言也可能充滿樂趣，他們可能各有不同的個性，然後經歷許多奇妙的探險。

孩子多數時候可能只是在其他孩子身邊玩，但會開始把他們納入自己的假想遊戲中，接下來他可能請另一個孩子來參加假裝的下午茶會，然後指示那個孩子喝掉自己的茶。

電視與影片

跟以前一樣，請把孩子看電視或影片的時間控制在一天半小時內，最好能跟他們一起看，好跟孩子討論他們所看到的，並給他們必要的解釋。選擇書本的標準同樣適用於挑選電視節目。孩子會很喜歡這些越來越熟悉的角色，做一些他自己也做的活動。他喜歡大量重複情景與活動，以及一些想像的故事，但請小心他是否會感到害怕。

童謠、音樂和幽默短劇對孩子仍持續具有吸引力，他喜歡的節目內容，是自己現在感興趣的概念，如與大小、顏色相關的節目。

這些玩具可以分為研究型與假想遊戲的玩具，孩子後來玩這些玩具的方式，可能是你從來沒想過的！

研究型遊戲：

★小型的球

★小積木
★玩黏土的滾軸和切割器
★大型戶外遊戲器材，如盪鞦韆和溜滑梯
★更多建造類玩具

假想遊戲：
★玩水的小船
★搭配娃娃屋與車庫的人偶
★可用於沙坑的交通工具與人偶模型
★農場與動物
★機場與飛機
★裝扮的衣物
★鞋子或其他屬於周遭大人的衣物
★有司機與乘客的火車與軌道
★起重機
★手布偶與指偶

孩子仍很喜歡前一個時期的書本，他會一次又一次地看這些書，因此還沒有必要買太多書籍。

現階段還不要教孩子閱讀，可以跟他描述圖片，並且讀小故事給他聽，如果孩子自己主動問起，你可以跟他說書裡的角色和事件，還有這些事件跟他的經驗如何產生關連，這些對話常常涉及過去與未來的事件，因此是孩子語言輸入的絕佳機會。

現在最重要的仍是親子共讀的樂趣。孩子正學習書本的印刷慣例，例如由左至右閱讀，書上的圖片與記號則代表真實物品。相反的，許多還沒做好準備，父母就開始指導閱讀的小孩，容易對書本反感，學習閱讀時反而很吃力。

孩子仍很喜歡跟自己日常生活經驗有關的書籍，以及談論書中角色經歷這些事之後有什麼感受。他的語言技巧已能聽懂簡單的故事，對世界如何運作的知識基礎，也足以讓他區別真實與想像，並享受一些幻想故事。當他在書中讀到動物和交通工具會跟他做一樣的事時，會覺得很有趣，他已明確知道他們在現實生活中會做的事。

你可以生動的聲音製造戲劇效果，也可以用不同聲音代表不同角色，孩子會覺得很有趣。（如果你覺得故事太長孩子無法專注，或認為更動文字有助於孩子理解，可以稍微調整故事的文字。）別讓孩子被想像的事件嚇到，跟他討論這件事，協助他區別什麼是真的、什麼不是真的，如果他真的感到害怕，改變一下內容，尤其一定要讓故事有個快樂的結局。有許多很棒的書籍都符合上述標準，如：《毛絨絨的小鴨子》（*Fuzzy Yellow Ducklings*）等書。

寶貝觀察紀錄

孩子三歲大時的表現：

★充滿樂趣地聆聽故事。

★了解三個重要詞語的短指令組，例如「打開箱子、拿出車車、拿給爸爸。」

★自言自語描述發生什麼事。

★參與發生了什麼事的對話。

★說出自己的全名。

媽咪要注意

孩子滿三歲時，如有以下情形，請尋求專業意見：

★孩子經常不了解你在說什麼。

★孩子經常不清楚其他人已知的訊息。舉例來說，他可能跟陌生人談到「強尼」（他的弟弟），他沒意識到他的說話對象根本不知道強尼是誰。

★孩子常說一些對你來說似乎不相干的話。
★孩子只會說兩到三個詞語的句子。
★孩子從不問問題。
★孩子對故事不感興趣。
★孩子沒興趣跟其他孩子一起玩。
★家裡以外的人覺得要聽懂他說的話很難。
★孩子的注意力時間大多很短暫。

兒語潛能開發這樣做

請維持每日的遊戲時間，你可以做很多事來強化他這個領域的發展，大人固定騰出時間當孩子的遊戲夥伴，對他來說是絕佳的禮物，他的情緒發展也會因為你的全心關注——推動並支持他進行探索，以鼓勵與讚美增進他的信心——而受益匪淺。這些遊戲時間也可以讓你們有機會討論日常生活的事項，例如，向他解釋必須禁止與必須遵守事項的原因，這是減少孩子大發雷霆最有用的方式。

孩子正處於有時候會故意以愚蠢的行為來測試規矩的年紀，像是拒絕做某事或聲稱他們不會做某事，但其實你心知肚明他做得很好。如果要斥責孩子，請盡量批評他的行為，而非他這個人。舉例來說，**說他「做這件事有點蠢」比罵他「你眞是個笨孩子」要好多了。**

這些遊戲時間也讓你有機會回答他無窮盡的問題，但孩子卻能從隨心所欲的追問中學到許多事，此外，遊戲時間也能讓孩子有機會練習新學到的對話技巧。這個年齡的孩子常遇到家中有小寶寶誕生。嫉妒與被取代的感覺可藉由這些單獨與大人相處的時間大爲減緩，因此你應該千方百計盡可能地維繫這段時間，你可以等到另一半回家來照料小寶寶，必要時請朋友或親戚一天撥出半小時來幫忙。孩子在這個時期的情緒非常需要大人關注，兄弟姊妹對孩子的人生也非常有幫助，就語言發展來說，父母、孩子與兄弟姊妹之間的對話，常是父母能協助孩子參與三方對話最容易的方式，這是一個極重要的技能，孩子最終仍需學習在許多情境下與人溝通，而非只是一對一溝通。

不要忍不住把這些遊戲時間變成教學時間，因爲孩子現在可能對顏色、數字與形狀等概念顯露興趣，讓許多大人認爲教孩子這些，對孩子有幫助，請不要浪費你寶貴的時間在這件事上，務必把這些概念的名稱，帶進自然發生的對話中，例如跟孩子玩車車時說：「藍色車車跟黃色車車」，在疊積木時說：「長的積木適合接在短的旁邊」。孩子可能因此會覺得描述這些概念的新詞語很有趣，例如「龐大」與「微小」。跟隨孩子的注意焦點，他就可以毫不費力地學會，若刻意教他你想要他知道的，不但效果不彰，對你和孩子來說可能都很挫折。

我見過許多孩子能說出大量顏色與形狀，卻不知道自己所描述的物品爲何，也不知道要拿它們做什麼。這些孩子的父母通常是在正常對話以外，還教孩子這些概念的名稱。

三歲的托比語言發展非常遲緩，他最常說的話是「我不會做」。他母親的觀念是要教孩子，才能快速學會一些技能。她一天花好幾個小時教托比，在托比五個月大的時候教他怎麼走路，托比還不到一歲時就開始教他英文字母、顏色、數字和形狀。結果托比變成一個極有攻擊性且非常挫折的小男孩，在多數領域的發展都顯得遲緩。他母親開始跟隨托比的興趣並談論這些事情，而非刻意教導他之後，托比很快就放鬆下來開始學習了，他的行爲也開始快速進步，語言發展在幾個月內就趕上他的年齡程度。

有些時候，如做家務或清洗衣服時，也是跟孩子共度獨處時間的絕佳時機，尤其是家裡有新生兒，而你的時間又很有限的時候，但你們必須是單獨在一起，而且房間要很安靜。如果孩子有過痛苦的經歷，如父母離異或失去家人，這段遊戲時間尤其重要，讓他有機會去談這件事、他的感受，以及問你關於這件事的問題，因爲幼兒常會假設發生這些事是自己的錯，你必須利用這段時間安慰他，這一點也不是他的錯！

一對一遊戲時間，環境一定要安靜

孩子需要各式各樣的玩具與遊戲器材，包括可讓他進行研究型與假想遊戲的玩具，你必須確認這些玩具都是完好的，且放置在孩子能輕易找到的地方。他現在可能會組合不同的玩具和遊戲器材，例如用積木搭一條路給小車車走，或把人偶放進玩具火車裡。請務必保留足夠的地板和桌面空間讓孩子玩，如果可能的話，讓他保留道路或跑道過夜。

我兒子三歲的時候，和他的朋友保羅花了一個下午建造農場，給動物們搭了牆和房子，他們很高興自己的成果。不幸的是，保羅的父親非常注重家庭整潔，不容許孩子把建造的東西留過夜，建好之後就必須馬上拆掉。當我到他們家去接我兒子時，兩個小男孩都眼淚汪汪。

如何跟孩子說話

★持續共享孩子的注意焦點

你現在能跟孩子談很多最近發生的趣事，以及近期計畫要做的事，不過跟從前一樣，**永遠讓孩子全權決定要談多少現在的事或非現在的事。孩子一轉移注意力時，你應該馬上停止前一個對話。**

瑪利亞的母親花很多時間跟她玩，但嚴格要求她完成一個活動時，要先收拾好再開始玩下一個。有一天我看著她們倆開心地享受下午茶遊戲，她母親剛介紹一個新角色沒多久，瑪利亞突然對這個遊戲失去興趣，想去拿顏料。她母親堅持要瑪利亞坐回來繼續玩下午茶遊戲，但瑪利亞顯然已經不覺得好玩，也沒有在聽母親說什麼，只是一直看向顏料。瑪利亞的母親知道問題出在哪裡後，讓瑪利亞來主導遊戲，於是她們倆都覺得有趣多了。

三歲的露西恰好相反。她的父母趁露西的小寶寶弟弟還在睡覺時，同時一起跟她玩，希望她在很有限的時間內做完許多活動。可憐的露西幾乎還沒做完一件事，就要快速移進入下一件事，她完全沒有時間欣賞自己的成果。

雖然孩子在許多方面都變得很能幹，但他的注意力仍完全是單一面向的，他眞的只能一次想一件事，而且很可能跟你心中所想的完全無關，但許多家長都不明白這點，所以抱怨孩子的專注力不夠。

你們現在的對話範圍很廣，不只是討論他和其他人做過的事，還有做這些事的原因以及相關的感受，你想使用多少新詞語都可以，只要把這些詞語用在孩子感興趣且關注的情境中，他很快就能理解。如果你覺得某個詞語對孩子來說是新的，就重複說這個詞語，把這個詞語用在幾個不同的短句中，例如「那是一隻大蜘蛛，看啊！大蜘蛛在跑了，好大的蜘蛛啊！」你也可以跟孩子說各種語法句構，不用擔心要簡化這些句子，只要運用合適的句子即可。

運用大量新詞語。

★協助孩子發展遊戲方式

以研究型遊戲來說，提供大量合適的器材，如粉筆或不同顏色與大小的紙張等不同的繪畫工具，以及更多可用於玩水、玩沙與黏土的玩具，包括不同大小與形狀的容器或麵團切割器等，孩子會很感激你示範給他看，能用這些器材做什麼令人興奮的事，例如用白粉筆畫在黑紙上，或沿著手和腳畫畫有多好玩。孩子現在可能嘗試去做一些比較困難的事，例如剪紙和摺紙，或搭建較複雜的結構，通常孩子會很樂於接受家長技巧地給予一些協助。

延伸孩子已具備的能力是最佳的做法。例如，孩子已能用剪刀相當有技巧地剪裁時，你可以示範把紙對摺剪出有趣的形狀。你最好示範某活動或延伸活動給他看，然後就放手讓他去嘗試，他如果希望你再次加入活動，一定會讓你知道。

在這個時期結束前，孩子可能會喜歡圖片骨牌與色彩配對遊戲，學習如何輪流玩，將成爲遊戲中很自然的一部分。

就想像型遊戲而言，準備遊戲器材如裝扮的衣物或你的舊衣物或鞋子，同樣也能激發出很棒的遊戲。你可能發現自己常要扮演孩子去看牙醫或理髮等不同經歷的各種相關角色，因爲孩子企圖想釐清這些人所做的事與做這些事的原因，他也很喜歡跟你互換角色，例如示範給他看理髮師如何清掃地上的落髮，或牙醫師如何讓漱口盆中的水轉動。（當然，如果孩子對你的建議不感興趣，絕不要堅持這麼做。）

孩子玩農場或動物園之類的模型玩具時，你也可以相似的方式延伸他的遊戲，例如說挖土機壞了必須修理等。（不過請確認你提出的建議是在孩子的經驗範圍內，對他才有意義。）孩子開始把一些不同的玩具放在一起玩時，如以積木做成道路給小汽車開，你一定能找到機會擴展他的遊戲方式，如前例而言可添加紅綠燈或行人穿越道。

孩子在這個時期尾聲，可能會把假想的人帶進遊戲中，他會很高興你能加入他的想像，你甚至可以協助他延伸這些人的個性與事件。如果孩子有想像中的朋友，你也應該對其表示興趣。

協助孩子延伸遊戲。

★務必讓孩子持續享受傾聽的樂趣

務必讓孩子有充足的機會享受傾聽，尤其是傾聽聲音，我們先前一再提到的重複童謠與律動童謠仍是絕佳工具，孩子現在很喜歡詼諧的歌曲和童韻，也依然喜歡咳嗽和打噴嚏的玩笑。誇張的驚訝與恐懼表情會讓孩子開心不已。

說話聲音要有豐富的語調起伏。

跟孩子說話時，請比跟大人說話時緩慢而響亮，也請你持續運用擬聲詞，如玩交通工具類的玩具時，順道發出「嘟嘟」或「轟轟」的聲音，孩子現在仍然覺得這些聲音非常有趣，而且這種興趣還會持續好一段時間。

★遊戲時間內對孩子說話的句子不要太長

孩子現在能了解大量各式各樣的詞語及語法結構，然而，孩子單句能處理的訊息量仍然有限，在這個年齡階段結束前仍以三個重要詞語為主，但其實三個詞語已能延伸為相當長的句子，如「奶奶要搭公車去商店」。在遊戲時間內盡量把句子控制在這個長度，這麼做能讓他的理解程度快速發展。我們對幼兒使用長句子的時候，他們把所有的精神都花在想聽懂句子的意思，因此不太有機會留意語法。

不要讓句子太長。

★把孩子的意思重複說給他聽

如果孩子沒有把句子說對，請以正確的版本把他的意思說給他聽。

讓你的回答成為自然對話的一部分。

你的回答必須是自然對話的一部分，千萬不要讓孩子覺得你在指正他。爲了確保他不會有這種感覺，請以「對～」來回應他。

孩子現在必定會有發音錯誤的地方，**必須到七歲，所有的語音系統才會發展完備**。**把孩子發音錯誤的詞語以幾個短句的形式，清晰地重複說給他聽**。例如，如果孩子說：「那是一個大煙『衝』」，你可以說：「對～好大啊，那是一個非常大的煙囪。那個煙囪好像快碰到天空了。」請記得一定要用「對～」來回應孩子。

清楚地重複孩子說的話給他聽。

★延伸孩子所說的話

請經常延伸孩子說過的話。例如，孩子可能說：「那個小丑帽子很好笑」，你可以說：「對啊，帽子上面有個小絨球。小絨球盪來盪去逗得我們哈哈笑。」這類延伸常會導向很有趣的對話內容。

請你不要這樣做！

不要糾正孩子說的話，也不要讓任何人這麼做。孩子發音不成熟還要維持好一段時間，主要是因爲他還未注意到每個語音在單詞中的位置，舌頭和嘴唇也尚未達到必要的協調，以發出較困

難的語音或混合音，所以這時期糾正孩子的發音並沒有任何幫助，只會傳達出我們不喜歡孩子說話方式的訊息，對他最有幫助的做法，就是讓他能清楚聽見我們說話。

★不要設定主題去教孩子

如果你花時間跟孩子在一起，進行活動時跟隨他注意的主題，孩子就會輕鬆且自然而然地學會詞彙、語法結構、概念與社交互動的規則。如果你已設定好主題，然後決定教孩子一些特定詞語或概念，他的學習不可能這麼快，因爲這些對他來說既沒有意義也不有趣。我見過許多孩子對於顏色、形狀和數字相當混淆，因爲他們的父母設定好去教他們這些主題，孩子感受到父母希望他們學會的焦慮，自然覺得學習很困難。相反的，我看過一些孩子兩歲時已認識所有的顏色，因爲他們對顏色很感興趣，他們的父母發現這點，於是讓孩子主導遊戲，順便說出這些顏色的名稱。

如何問孩子問題

父母常會爲了幫助孩子記得自己所經歷事件的順序，而問孩子問題，例如：「你記得離開牙醫的椅子後他做了什麼事嗎？」如果孩子不回答，請你自行回答。例如，你可以說：「他把外套遞給你，還給你貼紙貼在上面。」

一個討人喜歡的三歲小男孩麥克不太會把詞語組合成句子。他的母親連珠炮式的問他問題，目的是逼他把詞語組合成句子，例如「那是大巴士是還是小汽車？」「這些是你的黑襪子還是白手套？」麥克怎樣就是不回答，性格也變得越來越內向，最後根本無視其他人的存在。麥克的母親開始把自己多數的問題，改爲跟麥克注意焦點相關的發言之後，跟麥克玩變得有趣極了！他不但點子變多了，也更有幽默感。

絕不要刻意問問題讓孩子回答，當然，如果你是問你眞的不知道答案的問題，如「你想喝牛奶還是果汁？」那沒有關係，這類問題包括釐清孩子現在心中所想的問題，如「你希望下一個輪到泰迪熊還是我？」**發問的首要原則是：如果你不知道答案就可以問孩子**。

如果是你不知道答案的問題，就可以問孩子。

跟孩子獨處半小時以外的時間，你可以做什麼？

★跟孩子解釋他爲什麼必須做某事而不能做某事。
★給孩子大量的機會觀看你和其他大人進行例行的家務工作，如烹飪與園藝。
★把日常例行活動說給孩子聽，告訴他正在發生的事。
★帶孩子去玩公園大型的遊戲器材。
★給孩子機會在其他孩子旁邊玩耍。
★給孩子機會演出他的經驗，例如去理髮或看牙醫。

階段10

三歲至四歲
開始喜歡跟其他孩子一起玩

孩子現在已能很純熟地處理自己的日常生活，多數時間也能獨自吃飯與穿衣服，不但更清楚其他人的感受與需求，對其他孩子與大人也更有同理心。

他感情豐富，對你十分坦率，而且很想取悅你，很樂於幫你做家務，甚至會努力保持環境整潔！

這時期重要的里程碑是，孩子可能很樂於在沒有你的情況下去其他孩子家玩——只要孩子確切知道你什麼時候會來接他——他開始喜歡跟其他孩子一起玩，如果有玩伴，就不會再一直來打擾你，而且他現在能較長時間地玩一個活動，通常不會玩個幾分鐘就棄之不顧了。

孩子三歲至三歲半時

語言發展

孩子現在已理解相當廣泛的動詞、形容詞與介係詞，也能聽懂三個重要詞語組成的句子，如「泰迪熊在最大的椅子上」。到了三歲半時，能理解較不常聽見的詞語，如「遞送」與「恐怖」，並聽懂包含四個重要詞語的句子，如「寶寶的黃色杯子在廚房」。他開始理解並懂得明喻，如「雨大得跟棍棒一樣粗」，如果他曾聽人使用過，甚至也能理解隱喻，如「傷風感冒」代表生病。不過孩子的理解大半仍限於字面上的意思。我朋友帶兒子查爾斯去曾祖母家玩，曾祖母開門時說：「套羽絨被罩把我累死了！」查爾斯笑到無法控制地說：「羽絨被罩怎麼會把你弄得累死?!」甚至隔天他想起這事，仍咯咯笑個不停。**孩子對語言的強烈興趣與意識，使你現在不能隨意更動歌詞或故事的文字，否則他會強烈抗議**。

當孩子問問題時，並非總是全心在聽別人的答案，他其實比較感興趣的是答案跟他心中所想是否一致。例如，他可能問你：「球莖是怎麼變成花的？」你非常詳細地跟他解釋之後，結果他回說：「公園裡有好多花。」

在這個階段之初，孩子可說出包含三個重要詞語以上的句子，例如「媽媽開車去上班了」。當他發現說笑話可以逗人發笑，便開始頻繁地使用幽默的語言，即使他不了解爲什麼好笑。

孩子會開始以「然後」「因爲」來連接句子，例如「我去買東西然後買了一個氣球」「因爲很燙所以我把它丢了」。孩子在這個階段可正確運用你、我、他等代名詞，說出的句子中詞語的順序也正確。他會用較多的否定詞如「不能」和「不會」，也會用「可是」「如果」「然後」等來連結更多句子。例如：「我想要那個，可是那個太燙了。」「如果雨停了，我們就出去外面。」「我要玩盪鞦韆，然後我要溜滑梯。」這些發展讓孩子能自由地使用語言來表達自己，他能清晰地使用語言且傳達相當多細節。舉例來說，他能毫無困難地表達想要「那個有巧克力在上面的大餅乾」。孩子有時候也會回應其他人的對話。我最近有一次看到一個小男孩在超市裡專心聽兩個顧客在聊一隻狗的事，後來他經過他們倆身邊時突然冒出一句：「我也有一隻狗狗，牠叫羅斯提。」

從這個時期開始，語言開始眞正成爲孩子的思考工具，能讓他解決問題並訂定計畫。孩子三歲半時已發展出更多發起對話的策略，例如以「你知道嗎?」開頭。由於孩子比從前更了解對話對象知道什麼、不知道什麼，以及如何塡補這個知識空缺，因此現在比較能跟陌生人與同儕溝通。孩子也很清楚對話的常規，知道什麼時候別人是在問他問題，什麼時候是要他澄清剛才說過的話。

另一個有趣的特徵是，孩子跟某個夥伴玩的時候，有時候會自言自語，有時候則跟夥伴說話，例如他可能會對自己說：「我把這個放在這裡」，然後轉頭跟夥伴說：「你把那個放那邊」。孩子現在會出現假想對話的情形，他能轉換說話的聲音與講話方式，例如以低沉粗啞的嗓音代表巨人，細高的聲音來代表小孩。

整體發展

這個年紀的孩子很喜愛充滿活力的戶外活動，也越來越熟練這些活動，他已能踢大型的球類，也能把小球丟到好幾公尺外。他可以單腳跳，從第二階跳下來，並順暢地奔跑，轉彎時不需要先停下來，還能推或拉著玩具跑。

孩子三歲半時，已可用剪刀剪出相當直的線，也能描繪出雙菱形。他能更獨立地照料自己，且用筷子吃飯，清洗並擦乾自己的雙手與臉。孩子希望得到大人的認可，會盡量遵守家庭規則，例如幫忙收拾玩具，或跟別人分享玩具。

注意力

孩子此時第一次能自行把注意力，從正在做的事情轉移到某個在說話的人身上。他不需要大人叫他的名字，而會自己注意到有人在說話，然後將注意力從正在做的事情上轉移去聽那個人說話，不過轉換的速度不算快，常需要一些時間發現有人在說話，然後才停下正在做的事情去聽。他越專注在自己正在做的事情上，就需要花越久時間轉移注意焦點，也能越快回到他先前在做的事情上。

聽力

如果你一直遵循兒語潛能開發，讓孩子選擇自己想聽什麼、想維持注意力多久，即使孩子過去曾有暫時聽損，也能藉由提供孩子充足的機會，讓他在安靜的環境中傾聽語言，而且是容易聽懂又吸引人的語言，把影響降到最低。

孩子三歲半至四歲時

語言發展

孩子在短短的四年內，已學會了數千個詞彙，既能理解又能運用它們，他也學會了母語中所有的基本句型，他的詞彙量將如大人一樣終身持續增加，組合句子的方式也越來越複雜，他現在已是能夠充分進行口語溝通的人了。

孩子到了四歲時，基本上能理解數千個詞語，包含如名詞、動詞、形容詞與介係詞等，他也能理解自己不常聽到的詞語，如「液體」「森林」「老鷹」「黏貼」和「羊毛製的」，更重要的是，他現在能聽懂包含六個以上重要詞語組成的句子，例如「我們把兩隻大的泰迪熊都放在長書架下面」「大的積木放在門後面那個紅色的箱子裡」。這意謂著孩子現在很少有聽不懂的日常語言，他多數時間都在傾聽並學習新詞語與語法句構。

此時孩子的口語詞彙已達到五千個，也學會使用母語中所有基本語法結構的能力（雖然有時候仍會犯錯），其餘未來要做的就是學習更多詞彙——這也是我們所有人終身都會做的事——以及學習以更複雜的方式來運用語法結構。孩子運用句子的方式能證明，他可以用語言來計畫及解決問題的程度，如「我想我們也會讓湯米來」「我想到外面去玩，但快要下雨了」。孩子現在的口語雖然仍有一些不成熟的地方，他可能仍會以較簡單的聲音來代替較困難的發音，並簡化困難的發音，可能還要再等兩年甚至更久，才能正確發出這些語音。有些孩子七歲以前都還無法正確發出ㄦ和ㄖ等較困難的語音。

這個階段的孩子似乎對自己新學會的語言能力洋洋得意，而且變得非常健談，他可以連續闡述最近的事件與未來的計畫，也能說出相當長的故事，但內容混合事實與幻想，這反映出他難以區分這兩者，他可能編造出連自己都相信的絕佳理由與虛構事件。例如，他可能信誓旦旦地告訴你，有一個巨人從煙囪跑進來家裡撞倒了他的果汁！不過孩子此時也能說出較符合事實的資訊，包括他的全名和住址。

孩子愛問問題的情況也在此時達到高峰，他現在問的問題已不再是從前那種跟因果相關的簡單問題，如「爲什麼那個濕了？」他提出的問題，很多都跟他渴望理解自然與社交世界有關，例如「爲什麼那個阿姨要給……」或「鳥爲什麼會飛？」等。

社交意識也協助孩子成爲很熟練的對話者，他現在能以叫喚人名或說：「我要跟你說一件事」等話語來發起對話，也能改變主題或去做不同活動來結束對話。如果他的對話夥伴看起來很困惑，他馬上就能發現，也能在對方提出要求前，立刻重述對方不清楚的詞語或句子。他能挑選適合的時間加入對話，也能等到別人停頓時再發言，並延續討論的主題，他可以長時間持續與人對話並輪流發言，也會點頭或說「對」來認可對方所說的話。孩子的社交意識甚至可讓他調整自己的口語，來適應不同的對話夥伴。例如，他會用很簡單的話語跟比他小的寶寶說話，也會對家人以外的大人表現出禮貌，並使用「早安」「請」和「謝謝」這些他在家或跟同儕在一起時，可能忘記的禮貌用語。

他現在相當了解對話夥伴已知道什麼，即使不是十分正確。舉例來說，他可能會忘記幼稚園老師不知道他週末去了海邊，便跟他說：「海浪越來越大了」，難免讓老師一頭霧水。

孩子能以更多不同的方式來使用語言，並在與大人及同儕的社交情境中，達成更多目的。他可以開始跟人交涉與協商，前者如「你先去玩溜滑梯，然後我去玩蹺蹺板。」後者如「如果你讓我決定要搭什麼，我就給你全部的積木。」他也會以言語威脅，例如說：「如果你不換我玩，我就不跟你好！」他還會用語言來制訂規則，如「你先把棋子放在方格裡。」甚至能說出不在場證明：「一定是強尼做的，我那時在外面。」他能用語言討論自己的行動以及對它們的想法，例如批評自己說：「這樣做很呆」，也可能表揚自己：「我今天畫了一張很漂亮的畫。」

整體發展

孩子現在進行自己喜愛的戶外活動時更有技巧了，他可以奔跑去踢球，讓球朝他希望的方向滾去。他可以接住彈向他的球，也能開始使用較大的球棒。他可以踮腳尖跑步，並在奔跑時急轉彎。他喜歡爬階梯、爬樹。他可以單腳跳、跳繩並彎腰從地板上撿拾細小的物品。他可以在站立或奔跑時跳起，甚至可以翻筋斗。他現在還是個騎單車的專家，可以相當靈活地高速操控。

孩子現在握筆的方式跟大人相同，他知道要用另一隻手固定住紙，可以畫出有頭、手腳、眼睛和軀幹的人，也能畫出很簡單的房子，還可以畫一個叉叉。他可以把紙對摺三次並把紙弄皺。可以疊起十塊積木。可以從一數到十。（不過他仍難以理解三以上數字的概念。）

孩子現在能執行的日常例行工作更多了，他幾乎能獨立穿脫衣物，只有在困難的繫扣處才需要幫忙。他可以用刀塗抹果醬，並自己刷牙。他喜歡去做一些小差事，例如到郵筒去寄信。

孩子四歲時充滿精力、積極活躍、生氣勃勃，要他坐著不動非常困難。他通常有點任性，行爲有時候會越界，有時候可能相當莽撞，因此他可能會說：「我不喜歡你，我不要聽你的！」這類的話。孩子現在也很喜歡賣弄自己，喜歡藉由模仿、笑話與揶揄來奪得發言權。

注意力

孩子這個階段的注意力仍爲單一面向，在這個時期尾聲或甚至更晚以後，才有辦法聽別人說與他正在做的事無關的主題。（通常是孩子入學的階段，因爲在學校必須同時做活動並傾聽遵從指示。）**當活動有變化時，仍需要給孩子大量的警示，給他們充足的時間變更注意焦點。當大人給予孩子任何必要的指令時，最好在要求他去做事前跟他說**，但不能太早說，如「吃中飯前先去洗手」這類指令，最好在你要求孩子去洗手前不久再說。

聽力

孩子現階段的聽力相較於上個時期，並沒有特別的變化。

這樣和孩子玩遊戲

孩子的遊戲方式逐漸成爲合作性的社交活動，他們越來越喜歡跟同儕玩，雖然有時候仍然只是在其他孩子旁邊玩而已。孩子新學會的語言技能讓他能討論並贊同計畫與規則，並逐漸學會與其他人合作，同時他也學會了輪流、解釋自己的意思、傾聽他人、協商並理解對方的觀點，這些都是非常重要的生活技巧。

每個孩子對遊戲的偏好，現在也開始明顯感受到差異，這便是成年後選擇休閒活動的傾向，所以孩子對於藝術、音樂或科學的終身興趣，很有可能在這個階段顯現出現。此外，孩子對於創造型遊戲現在也開始有所發揮，這是因爲他們更了解手邊的玩具與遊戲器材的屬性，也有以想像力與創造力來進行思索的語言技能。

三歲至三歲半的遊戲

★研究型遊戲

孩子仍非常喜歡動態的戶外遊戲，他喜歡騎三輪車、跑步、跳躍與踢球，他仍非常喜歡玩沙、玩水，有時候喜歡把它們倒進不同的容器或倒出來，沙和水現在也更常被用來當作玩交通工具與人偶的複雜背景。孩子持續從這些器材學到許多有關大小、重量、材質與體積的知識。他也開始享受範圍更廣的模型材料，例如黏土等，並能製作娃娃下午茶會的食物等物品，或農場動物的房舍等建築。他開始拿它們做實驗，例如發現以不同物品在黏土上按壓能產生各種紋路。他喜歡有建設性地運用廢棄的材料，不管是室內或戶外，例如把箱子和紙杯堆疊成建築物等。孩子在這個階段很喜歡參與園藝與烹飪等活動，他能從製作餅乾或果凍、觀看種植的球莖所開的花，得到無窮的樂趣。他對蟬蛹或蝶蛹以及蝌蚪變成青蛙的過程更是驚異不已。

★假想遊戲

假想遊戲將發展成不同孩子扮演不同角色的社交遊戲，例如輪流扮演店主與客人來購買商品。由於孩子仍需要學習如何組織與維持這類遊戲的技巧，所以這類遊戲一開始持續的時間並不長，合作對孩子來說仍是嶄新的概念，目前這類遊戲仍沒有太多的情節。如果沒有其他玩伴一起玩，孩子會跟以前一樣，演出他先前有過的經驗，例如去看醫生，他也會喜歡大人參與這類遊戲。他現在喜歡演出故事或電視節目的事件，例如假裝自己是控制不住的火車或怪物，他仍非常喜歡現實生活的道具如購物袋、放錢的抽屜櫃與玩具錢幣等。

道路、車庫、農場或動物園相關的假想遊戲也變得更複雜，現在通常是由兩個以上的孩子同時一起玩。例如，其中一個孩子可能當農夫來給拖曳機裝上物品，另一個則負責看顧動物回到農場。這個年齡的孩子開始享受競爭性的遊戲，如非常簡單的紙牌遊戲，以及圖片賓果等棋盤遊戲，孩子現在對於學習規則很感興趣。

三歲半至四歲的遊戲

★研究型遊戲

孩子到了四歲時，喜歡測試自己的極限，看自己能跳多高多遠，甚至會耍特技，如站著騎三輪車等。

他對於創造型材料的操作比先前協調許多，他很喜歡畫畫，也喜歡運用許多不同的媒材，如以馬鈴薯切片來蓋印，他喜歡進行拓印、拼貼、剪裁與黏貼等動作。

孩子會用優格罐、各種蓋子、桶子與盒子，來創造建築物如消防站或城堡，但他對烹飪與園藝的興趣並未減少。他現在喜歡玩更複雜的拼圖，並會使用互接式積木等來搭建更複雜的結構。積木等建築遊戲演變爲合作性質，孩子能制訂詳盡且明確的計畫，例如道路常由好幾個孩子協力建造。當然，孩子一起玩時不可能總是一團和氣或意見一致，爭吵是家常便飯，這個年紀的孩子時而合作、時而衝突，不管是與同儕或與大人相處時都是如此，但他們也能表現得相當善解人意，尤其是對正在難過的兄弟姊妹與玩伴。

合作性的遊戲，以及簡單的紙牌遊戲與棋盤遊戲很受孩子喜愛。孩子還可以把大型的箱子和方塊等變成商店、飛機或任何遊戲所需的工具。這個階段的孩子很著迷於發芽的豆類，也喜歡看球莖開花，看蝌蚪、蝴蝶、鳥兒以及毛毛蟲和蜘蛛等。

★假想遊戲

團體的假想遊戲現在開始發展。孩子有許多社交進展，所想像的事件可能是他們所經歷過的，如去理髮或看醫生，也可能是書上或電視節目的片段。他們對於想像的主題開始萌生，例如與噴火龍或怪物有關的故事，他們可能決定要假裝失火，從大樓裡救出人，然後把火撲滅。這個延伸的假想遊戲，有時候可能會出現夢幻的元素，例如消防車從天而降來救人。換裝會讓這類型的戲劇演出更逼真，也讓孩子覺得非常有意思，並且配合改變聲音與動作來適應不同角色。

遊戲屋現在發揮很大的功能，可以用來進行各種扮家家酒，讓孩子扮演許多不同角色。孩子也常用娃娃來玩想像遊戲，例如娃娃遇上車禍被送到醫院等。

電視與影片

孩子現在有充足的語言能了解電視與影片的內容，因此，電視和影片可以是提供資訊、學習與純粹娛樂的絕佳來源，也能提供孩子想像的養分。如同書籍與遊戲，孩子現在可能有明顯的個人偏好，有些特定的節目可能很吸引孩子。

孩子現在很喜愛故事，尤其是出現在一系列的節目中、讓孩子非常熟悉的角色。孩子也喜歡跟隨事件的順序，尤其是預測接下來會發生什麼事。孩子仍非常喜歡想像事件，但他仍難以區分事實與虛構，可能需要大人協助。孩子的理解主要仍是字面上的，比喻的用法如「巨人的腳像樹幹一樣粗」，可能讓孩子非常困惑。

研究型與創造型遊戲：

- ★黏土及彩色塑泥
- ★指繪顏料
- ★氈頭筆
- ★繪畫用海綿
- ★壓印用印章與其他材料

★衛生紙
★更困難的拼圖
★搭建用的大型紙箱
★管子、箱子、優格罐、鞋帶
★植物與球莖
★餵鳥台或餵食器
★蠶繭或蝶蛹
★蝌蚪

假想遊戲：

★可以用於長時間想像事件的擬真娃娃
★扮家家酒玩具
★玩沙用的模型房屋、樹木與人
★更多裝扮用衣物，如消防員或醫師
★馬頭竹竿
★農場或動物園棋盤遊戲
★道路地墊

社交遊戲：
★棋盤遊戲、圖片骨牌、圖片賓果
★簡單的紙牌遊戲
★桌上保齡球

孩子非常喜歡童謠與音樂，他比從前更喜歡笑話和幽默短劇了。

孩子這個時期對大自然極度感興趣，這也是電視和影片能發揮作的時候，它們可以讓孩子擁有日常生活中不可能的經歷，或其他媒介不可能提供的極佳經驗，孩子可以從影片中看到許多令人驚奇的事物，例如快速開花或蝶蛹化為蝴蝶的畫面，也能看到不同的動物在世界各地自然棲息的樣貌。（請跟他一起觀看，並準備好回答他層出不窮的問題。）

雖然在這個階段，電視和影片對孩子有許多價值，但仍需限制孩子看電視的時間，**以一天一小時為上限。電視的強力刺激會吸引孩子長時間的注意力，但電視不會回答孩子的問題，也不會解釋詞語的意思，更無法告訴孩子什麼是事實、什麼是幻想。**

這個時期是孩子閱讀的絕佳時機，他們能充分享受用書籍作為獲取資訊、提供想像、純粹娛樂的用途等閱讀之樂。正如遊戲一樣，孩子開始有強烈個人偏好，買書之前不妨帶孩子去圖書館找他真正喜歡的書。

孩子對日常生活相關的故事仍然很感興趣，不過他現在也能享受想像型故事。這個階段的孩子難以區分事實與虛構，因為他們對於這個世界與其奇妙之處的經驗仍很有限。孩子需要大人的協助，尤其是面對可能會讓他們害怕的故事。

另外，我們也要知道孩子剛開始認識比喻法，因此認知主要仍限於字面意義，如果大人未解釋清楚，孩子可能對比喻感到困惑。例如，孩子聽到「一層毯子般的雪」可能覺得很疑惑，因為他無法看出溫暖的毯子和外面的寒冷有什麼關連。

一些傳統故事如「三隻小豬」等，孩子都很喜歡。幼兒喜愛重複的詞語與語音模式，而這些故事都有一些反覆造成驚奇與幽默的元素。孩子喜歡反覆多次聆聽這些故事，每次聆聽的樂趣都隨之增加，如同大人重複聆聽某段音樂旋律一樣。孩子喜歡預測接下來會發生什麼事，如果大人試圖稍微更動故事的文字，可能因此倒大霉！

此外，孩子也想跟你說他非常熟悉的故事。他現在可能很喜歡關於大自然的讀本，例如，如果孩子看過青蛙，他可能會喜歡介紹蝌蚪如何變為青蛙的書籍。

這個階段的孩子喜歡看細節清楚的圖片，並喜歡挑出其中特定的部分。孩子可能對顏色、數字、相同與不同處等概念型的書籍感興趣，他們也會喜歡韻文類的書。你可能會發現孩子現在對印刷很感興趣，因為他理解書上的文字跟我們所說的話其實是一致的。他甚至可能體認到特定的字代表特定語音。如果他自發性地認出某些字或詞語，並告訴你它們是什麼，請記得不要刻意去教他什麼，因為你現在賦予他的，已經是足夠且重要的閱讀前奏。

請務必持續每天跟孩子分享一本書。這個年齡階段有趣的書非常多，但由於他們已有強烈的個別偏好，請讓他們選擇自己喜愛的讀本。

寶貝觀察紀錄

孩子四歲大時的表現：

- ★說出的話能讓跟他不熟悉的人聽懂。
- ★連貫地陳述最近發生的事。
- ★說出家裡的住址與自己的年紀。
- ★問個不停。
- ★傾聽並說出頗長的故事。
- ★運用語言來交涉與協商。

★運用社交語言如「請」「謝謝」。

媽咪要注意

孩子滿四歲時，如有以下情形，請尋求專業意見：

★孩子經常看起來很困惑，似乎聽不懂你說了什麼，或不去做你要求他做的事。

★孩子無法專注在任何事上超過幾分鐘。

★孩子的口語非常不清楚。

★孩子不能清楚告訴你，你不在場時所發生的事。

★孩子不常問問題。

★孩子不想跟其他孩子一起玩。

★孩子表現出或告訴你他知道自己說話不流利，或很難把話說出來。

兒語潛能開發這樣做

孩子現在已進入跟其他孩子遊戲的階段，如果能有一些時間去幼兒園等環境，或讓其他孩子到家裡來玩，將有很大的收穫。

不過，孩子與你獨處的時間仍無法取代，對他而言，這仍是語言學習的最佳情境。你能做很多事——介紹給他富創意的活動、協助他延伸遊戲等。無論如何，你都有空傾聽他說話，並毫不逃避地回答他的所有問題，能給他感情上最大的安全感，也能讓你們有機會討論必要的禁令與要求，因此大爲降低你和孩子的挫折感。

為什麼孩子口語不流利？

三至四歲的孩子超過半數都會經歷口語不流利的階段，他們會多次重複某音節或字，這是因爲他們腦袋中有極大量的資訊，但卻還沒有足夠的語言來充分表達。當孩子試圖去想該怎麼表達自己想說的話時，就會發生這種口語重複的現象。當孩子太過專注於思考過程，自己卻完全沒意識到這種重複的現象，這很正常，隨著孩子語言技巧的發展，幾個星期或幾個月後就會好轉。

通常家族中有人口吃的父母，可能會因此錯誤地斷定自己的孩子也開始口吃，而感到非常恐慌。其實孩子口吃，通常是因爲父母開始對孩子說一些原意是想幫助他們的話，例如「再說一次，說慢點。」「說話前先深呼吸。」等，使得原本並未意識到發生了什麼事的孩子，現在突然有所意識，並開始試圖停止這種重複的情形，卻反而造成孩子難以表達與口吃的情況。所以，**絕不要把孩子的注意力吸引到他的說話方式上！**

麥克是一個討人喜歡的三歲小男孩，他的母親十萬火急地帶她來給我看診，因爲麥克開始口吃。麥克母親的兩個哥哥都患有口吃，因此她很清楚口吃是一種怎樣的障礙。她不斷試圖請麥克講慢一點來協助他，但只覺得麥克反而更頻繁地出現重複的狀況。麥克一接觸到玩具箱，就開始嘀嘀咕咕說個不停，他顯然有很多想說的話，有好幾次甚至重複說一個詞語高達十五次，但麥克顯然完全沒意識到這件事，表現得很放鬆。麥克的母親聽我說，麥克正經歷完全正常的階段，便大大鬆了一口氣，果然，數週後她打電話給我說，麥克口語不流利的情形幾乎已完全消失。

你和孩子的遊戲時間，能提供孩子完全無溝通壓力的情境，並協助孩子輕鬆度過這個階段。他不必搶著說話，因爲你已提供他大量可以說話的時間。他也不會受到干擾，更沒有回答問題或要說什麼詞語的壓力。

不要吸引孩子去注意他的講話方式。

你唯一能提供的額外協助是，**如果孩子說話的速度很快，請你調慢自己說話的速度，便能自動讓他不自覺地減緩講話速度。**

如何跟孩子說話

★跟隨孩子的注意焦點

雖然孩子可能已發展出轉移注意焦點的技能，但在遊戲時間中永遠跟隨他的主導仍然很重要。跟從前一樣，讓孩子全權決定你們的對話有多少是在聊此時此刻、有多少是在討論過去與未來的事件。當你專注在此時此刻時，請不要給孩子指引，如果你們並非眞正在對話，不妨以「連續的實況解說」來述說正在發生的事。舉例來說，孩子在轉動玩具旋轉木馬時，你可以說：「它轉呀轉，你推它的時候它就轉呀轉。」

請不要忍不住去教孩子。如果你不經意給孩子與他當時感興趣的事物相關的資訊，他會學得更多。孩子能藉由選書或對話讓你知道他何時對概念開始感興趣，如顏色與數字。有研究指出，父母純粹陪孩子玩，孩子日後在學校相關測驗上，會表現得比接受早期教導的孩子要好。

★協助孩子發展遊戲

以研究型遊戲而言，你能給孩子最大的協助，就是提供他合適的玩具和遊戲器材，並且示範如何以不同方式運用它們。你的孩子已做了好一陣子的活動，他的興趣可藉由新材料再次得到強化，例如繪畫用的氈頭筆或海綿；在顏料中加入白膠可改變質地；你可用小枝條、梳子或牙刷在上面畫出紋路，這些都非常有趣。

三歲的班只會用二至三個詞語的句子。班的父親很難克制自己想教他的衝動，但在我跟他討論了很多，也是距離第一次看到班的三週後，我看到他們倆非常盡興地玩在一起。班選了一袋不同形狀的大型積木，他想用這些積木來搭建道路。他在放置積木的時候，他父親一邊說出他正在做的事，並且不經意地提到積木的形狀，例如說：「眞是好主意！正方形的積木很適合放在長方形這塊的旁邊。」「圓形的那塊很適合做紅綠燈。」等。原本對形狀名稱十分混淆的班，在不到一小時的時間內，已能正確使用它們的名稱。

孩子會喜歡你給他製作模型用的彩色塑泥，以及能在上面按壓的不同切割器和形狀。另一個可能很有趣的新活動是，把紙放在樹皮或其他材料上，然後以蠟筆在上面拓印。你可以示範給他看如何從雜誌上剪下圖片來製作剪貼簿，或把弄皺的衛生紙做成拼貼畫黏貼在色紙上。舉例來說，孩子學會操作彩泥之後，你可示範以不同的材料按壓在上面製造出紋路。另外，等孩子可良好地控制剪刀後，你也可以示範如何以剪刀剪出簡單的形狀。

除了提供材料外，如果能示範如何使用這些材料，並協助他加以運用，孩子將得到難以估計的收穫。你們倆以這些材料做實驗與進行其他創意活動時，也將從中得到極大樂趣。孩子會很樂意跟你分享這些材料，當然，它們也提供了豐富語言輸入的絕佳機會。舉例來說，樹皮拓印活動能用到一些很棒的詞語，例如「易碎裂的」「片狀的」「浮紋的」「傑出的」「浮雕」等。

欣賞孩子努力的成果。

讚美並欣賞孩子的作品將大爲增加他的信心，他會很喜歡看到自己的畫被掛在牆上，以及自己建造的物品放在窗台上。

孩子很喜歡你跟他玩簡單的棋盤與紙牌遊戲，在遊戲前先解釋規則給他聽，對他會有很大的幫助。你在假想遊戲上同樣可以給他你的舊襯衫、舊鞋子，以及裝扮用的衣物，還有能搭建車庫、商店、消防站或房子等的大型箱子和管狀物等。請務必讓孩子盡可能有許多有趣的經驗，如此一來他日後就能演出這些經驗，並較能充分了解這些經驗與他的關係。

孩子仍喜歡你提供許多建議來延伸他的遊戲方式，例如他裝扮成消防員的時候，示範給他看消防員如何用滑杆滑進消防車中，以及如何收捲水喉。以商店遊戲而言，你可示範給他看存貨是怎麼擺放在商店後方，以及架上的商品都從哪裡補貨。不過，不管你有多少絕佳的點子，都請你克制想控制活動的欲望，絕不要忘記首要原則是**讓孩子主導**。美國一項研究指出，過於侵入孩子遊戲的父母，實際上將阻礙孩子的發展。

永遠都讓孩子來主導。

如果有一小群孩子可以一起玩，首先確認他們有足夠的空間，並至少有半小時可以玩。提供他們很多箱子、硬紙盒、方塊等，讓他們去搭建船或飛機等結構，能讓他們享受許多樂趣。另外，孩子尚未有太多解決爭端的技巧，你在這點上也能提供協助。

★請讓孩子持續享受傾聽的樂趣

孩子現在極為享受歌唱、隨著音樂跳舞並跟著節奏拍手，也喜愛重複的童謠與韻文如「王老先生有塊地」等。閱讀時間能給孩子傾聽聲音的愉快經驗。當一群孩子一起玩的時候，他們會很喜歡「大風吹」等需要傾聽的遊戲。

請務必讓孩子覺得傾聽很有趣。

畫畫和塗寫的時候，一邊發出滑稽的聲音，孩子仍然會覺得很有趣，像畫圓形時發出「咿」的聲音，畫鋸齒狀時發出「滴咚滴咚」的聲音等。孩子聽擬聲詞，如對玩水或玩交通工具時所發

出的聲音仍感到很有趣，像是水從水龍頭流出的「嘩嘩」與流走的「嘩啦啦」等。

★句子長度不需刻意控制

你現在不需要考慮這點，**盡量跟孩子聊吧**。孩子如果不認識某詞語時會告訴你，也會問你是什麼意思，如果他希望你重複某詞語也會讓你知道。現在沒必要限制對孩子來說可能是新詞語的數量，如果你覺得某個詞語對孩子可能是新的，把它放在好幾個句子中使用，如「它是一隻羚羊。我想有些羚羊算是鹿的一種，不過羚羊比起其他種類的鹿似乎優雅一點。」

現在對孩子說話不需要特別緩慢（除非你的孩子正經歷口語不流利的階段），或特別大聲及語調起伏，因爲孩子已經很習慣語言，對語言很感興趣，並很清楚傾聽語言有多麼有趣。孩子現在仍會犯一些語法錯誤，他發音的方式仍會有一些不成熟的地方，這種情形發生時，清楚地跟孩子重複一次他說的話，你的回應必須是自然對話的一部分，永遠都以「對～」開頭來回應他。

★延伸孩子所說的話

延伸孩子告訴你的話，然後添加更多資訊。例如，他可能會說：「我們去過氣球城堡。」然後你可以接著說：「對～我們去了，結果泰笛掉下來撞到鼻子，可憐的泰笛，他的鼻子眞的撞得很用力。」

回應孩子的問題時添加一些資訊，對孩子的語言發展很有幫助。（當然你要謹愼觀察，確定他是否還有興趣。）舉例來說，如果孩子問你：「爲什麼小鳥叼著小樹枝？」你可以跟他解釋小鳥築巢的事。這些對話現在多半是由孩子發動，他可能問你無窮盡的問題，希望你解釋給他聽，如果他接收的訊息不夠，也會讓你知道。

如何問孩子問題

在這個階段謹慎選擇問孩子的問題，眞的能協助他思考與釐清問題。例如，如果孩子拼拼圖時遇到問題，你可以問：「如果你把那塊拼圖上下顚倒，會發生什麼事？」他在搭積木時你可以問：「如果把大塊的積木放在最下面，把所有的小積木都放在它上面會怎樣？」不過不要問得太多，如果孩子不回答，請確定你會回答所有問題。

絕不要刻意問孩子問題要他回答，孩子不管語言程度高低，都知道你在打什麼主意，這麼做反而會嚴重阻礙他的發展。

尼可拉斯有一天來我家喝茶，我看他在玩些什麼就說些什麼，我們很快開始說起相當長的對話，他從這些對話中展露出令人欣喜的語言程度。他的母親感到很驚訝，她一直把尼可拉斯定義爲非常害羞的孩子，他通常要很久才會開始跟不認識的大人說話。我告訴他我最簡單的秘訣：我跟尼可拉斯說話時都是討論已經發生的事，而不是問他問題。這讓尼可拉斯的母親想起一位年長的親戚，那位親戚每次跟他說話都是雙手交叉，眼睛盯著他，然後說：「有什麼新事情發生了嗎？」尼可拉斯的母親很清楚記得她當時是什麼感覺，她非常了解爲什麼自己喜歡討論勝過問題。

請你不要這樣做！

幾個先前的禁止事項這個階段仍然適用。

絕不要糾正孩子的口語，如果孩子說的詞語或句子不清楚，最有用的作法是讓孩子清楚聽到你是怎麼發音的。如果孩子正經歷口語不流利的階段，也絕不要吸引他去注意自己講話的方式，**永遠都回應孩子試圖溝通的事，而不是他如何溝通這件事。**

跟孩子獨處半小時以外的時間，你可以做什麼？

★給孩子遊戲的時間與空間。
★孩子想要的時候讓他盡量自己動手。
★留意孩子的注意力高低。
★給孩子充足的機會跟其他孩子玩。
★盡可能給孩子大量戶外活動的機會。
★協助孩子發現自然的奇妙。

階段11
四歲以後
從無助的小嬰兒到成熟的對話者

語言發展

基本上孩子到了四歲時已掌握了母語。他的詞彙能力廣闊，已理解並能運用語言中所有基本的句子類型。他的詞彙以及語法結構的知識繼續增加，並能以較成熟的方式來使用語言。

孩子現在越來越常運用語言來思考並解決問題，例如如何抵達樹屋，並爲自己與身爲團體的一份子來做計畫。例如，孩子可能分配角色，並發展出想像型的故事台詞。孩子在溝通自己的想法、交涉、協商與交易上越來越有技巧，例如商量輪流扮演主角。他變得更善於描述自己的經歷，以及對這些經歷的想法與感受。

他能參與更長且更複雜的對話，並且越來越能視狀況與說話對象改變自己的說話方式。他很清楚，跟老師和自己的小弟弟說話的方式不同。他現在比較記得禮貌的規則，較少需要別人提醒他說「請」和「謝謝」。他想開始跟人對話時會堅持吸引成人的注意力，也能挑選最適合的時機來加入別人的對話——等待對話停頓時，而非打斷他人說話。

他非常喜歡謎語與笑話，並喜愛傾聽相當長且複雜的故事。

雖然孩子許多方面的進步都很了不起，但他畢竟來到這個世上的時間並不算太長，他無法總是知道其他人對於他說的話的了解程度，有時候仍可能讓對方一頭霧水。如果孩子的心思在其他事情上，有時候會無法回應對話夥伴的話題。

整體發展

孩子四歲到五歲這一年在其他方面的技能也大幅進步。他非常活躍、充滿活力，攀爬與使用大型器材如盪鞦韆與溜滑梯都越來越熟練。孩子五歲的時候能非常靈巧地聽音樂跳舞並玩球類遊戲。他在這個年齡對身體不凡的控制力，展現在可以手上拿著物品下樓梯上。他很喜愛畫畫，畫出來的東西辨識度越來越高。有一些孩子在這個年紀會自發性地寫一些字。此外，有些孩子發展出的新技能還包括縫紉，能粗略地縫幾針。他越來越有興趣跟其他孩子玩，並且越來越能與大家合作。

注意力與聽力

孩子四歲時已可轉換他的注意焦點，在接下來的一年，他的注意力終於變爲雙面向，能一邊聽別人對他說話，一邊繼續做自己在做的事，不再需要停下來看說話的人。這個能力的展現一開始較爲短暫，以後會逐漸變長。到達這個階段意味著孩子已做好上學的準備，他可針對自己正在做的事聆聽指示，這是教室情境中的學習非常必要的能力。（但這個能力需要再過一年才能完整建立。）

與四歲以上的孩子玩遊戲

孩子仍十分喜愛很活躍的遊戲，他能出色地控制腳踏車與球類。他也喜歡參與前一年開始萌生的藝術與創造型活動。他能以積木與其他建築材料搭建更複雜的結構。

跟其他孩子一起玩變得非常重要，假想遊戲持續成爲高度社交型活動，包含許多共同計畫與合作的部分。孩子們制定規則，通常也能遵守規則。孩子的想像力繼續蓬勃發展，常演出自己在書本與電視節目中看到的故事。

不必特別騰出遊戲時間，讓孩子加入你的活動即可

你不必特別騰出遊戲時間，讓孩子加入你的活動即可，如園藝或烹飪，或帶他去游泳或到圖書館聽故事。這些時間能提供絕佳的機會讓你回答孩子的問題，並與他討論生活中的事件以及他的感受。如果孩子的生活中發生一些讓他感到痛苦的事件，如父母離異、家庭成員或摯愛的寵物死亡，這麼做尤其重要。**我們應允許孩子表達他的感受，協助他理解發生了什麼事，特別是安慰他這事並非他的錯**。

請持續每天跟孩子共讀一本書，他現在很可能已發展出個人的閱讀偏好，在這個階段讓他自行選擇圖書館的書籍是很棒的經驗。你不必擔心要限制所使用的詞彙量或句子的複雜度，如果孩子不清楚你說的話，他會立刻讓你知道。

請持續延伸孩子所說的話。例如，他可能說：「我們午餐後要去公園。」然後你可能回答：「對啊，我們要去公園，威廉和他爸爸也要來，接著他們要到我們家來喝茶。」這種回應方式現在對你來說應該已習以為常。

如果你發現孩子語法錯誤，跟以前一樣在對話中示範正確的語法，對孩子仍然很有幫助。現在這種發音錯誤仍可能發生。例如，如果孩子說：「那隻鳥有灰色『烏』毛」，你可以說：「對～那隻鳥的頭上有灰色羽毛，我看到了牠尾巴上的紅色羽毛。」

有時候孩子會高估其他人已知的事，我的小夥伴查理斯最近告訴我喬伊掉進水坑的事。他的母親還得提醒他，我不知道喬伊是孩子還是動物。

持續幫助孩子發展遊戲方式，請確認他有充足的時間與空間，並有機會跟其他孩子一起遊戲。

請把孩子看電視的時間限制在一天一小時內。孩子現在可以享受兒童節目的樂趣並從中學習。電視可以刺激孩子的想像力，讓他經歷現實生活中看不到的自然奇觀。然而，孩子仍有遊戲、與人互動與對話、演出日常生活事件以充分理解它們的極大需求。請和孩子一同觀賞電視節目並回答他的問題，解釋讓他覺得疑惑的事給他聽，並與他討論他所看的內容。

進入嶄新的學校生活

今年最重要的一件事可能是孩子開始上學了。如果你一直遵循兒語潛能開發，孩子可能已發展出極佳的注意力、聽力與語言技巧，並能好好享受學校生活，快樂地參與所有的活動。

對於什麼時候才是正式教孩子閱讀、書寫與數字的合適時機，目前仍有極大爭議。我的經驗告訴我，晚一點教孩子比較好，但多數父母無法選擇孩子何時上學、在哪裡上學。身爲父母最重要的一點，是確保孩子有充足的機會在家玩耍，並且有許多豐富的經驗如去游泳池、公園和圖書館等。孩子在家時當然也可能想閱讀、書寫與做其他活動，這樣並沒有什麼問題，你只要確定孩子有選擇權即可。

你可以做許多事來協助孩子適應開始上學這個奇妙探險。有些學校准許你在孩子開始上學前帶他去學校參觀，這麼做對孩子很有幫助。盡量多跟孩子說一些學校會發生的事，並確認你有時間回答他所有的問題。孩子會很喜歡聽你說自己從前開始上學的故事。最重要的是，記得**孩子極容易學習你對生活中所有事件的態度，因此如果你相信開始上學對他來說是很正面且有趣的經驗，他也會這麼認爲**。

希望你看著孩子從無助的小嬰兒到成熟的對話者，這一路驚人的快速進展，能讓你既驚奇又歡喜。

希望你很享受學習如何跟孩子說話與互動，好讓他發揮最大潛能。也希望你已跟孩子建立起享受彼此陪伴的模式，讓你們終身都因此受惠。

最重要的一點，希望你和孩子都覺得兒語潛能開發充滿樂趣。

如果上述這些希望，你的回答都是肯定的，那麼我寫這本書的目的也就達成了。

祝你未來一切順利！

附錄1

兒語潛能開發Q&A

以下是正在進行或考慮對孩子進行兒語潛能開發的父母經常詢問的問題，希望對你有所幫助。

Q：我在寶寶六個月大的時候必須重返工作崗位。這會造成問題嗎？

A：我很希望到了那時候，你已經習慣每天跟寶寶有半小時的一對一時間。希望你重返工作時維持這個習慣不會太困難。這段每天半小時的時間對寶寶的發展有極大的影響。如果你能跟寶寶接下來的主要照顧者分享兒語潛能開發的原則最好；但如果不可能做到，也請放心，你仍會把最重要的都給寶寶。

Q：我的太太要收假復職了，而我將成爲寶寶主要的照顧者。這樣會有什麼疑慮嗎？

A：一點也不會。我跟許多負責照顧寶寶的父親配合過，他們都很克盡職責。我發現相較於母親們唯一的差別在於，要父親不要去「教」自己的孩子或問孩子問題，要困難得多。希望你能盡量在這些方面遵循兒語潛能開發的原則，忍住這個誘惑。如果你做得到這點，我確信你會非常成功，最重要的是你也將在過程中得到許多樂趣。

Q：我是單親家長，家裡有兩個年紀較大的孩子，要騰出時間單獨跟寶寶相處非常困難。

A：我很同情也了解這件事有多困難，但是我相信找朋友、鄰居或親戚來短暫照顧其他兩個孩子，絕對值得。你或許能試著改變寶寶的生活作息，讓他在哥哥姐姐去學校時是醒著的，即使不可能每天做到，寶寶仍可從任何你單獨給他的時間大爲受益，這段寶貴的一天半小時眞的有很大的作用。

Q：我們即將爲寶寶請一名保母。我們應該考慮什麼事？

A：如果這名保母每天要跟寶寶朝夕相處，可能的話最好請母語跟你相同的人。你最好能跟她分享兒語潛能開發，讓她知道相關原則。不過我仍希望你是那個實際與寶寶共處半小時的人。如果沒辦法請到母語跟你相同的保母，鼓勵她用自己的母語對寶寶說話與唱歌。正如家庭成員能說一種以上語言的情況，你的寶寶將因此有機會學會另一種語言。若你需要換保母的時候，請確保下一個保母跟前一個保母講的是同一種母語。我看過一些孩子經過幾個保母的照料，他們說的語言都不相同，結果孩子不管哪一個語言的進步都很有限。

Q：我工作的時候必須把寶寶放在托兒機構，若他們不遵行兒語潛能開發會有影響嗎？舉例來說，我聽說他們的員工都會問孩子很多問題，而我現在知道不要問孩子問題比較好。

A：你的孩子去了托兒所之後，你持續每天在家跟他進行兒語潛能開發更爲重要。幸運的是，幼兒的適應力很強，只要讓他在家接受兒語潛能開發的訓練，他將從中得到極大的益處，不會因托兒所採取的方法不同而效果變差。孩子將先藉由托兒所的遊戲器材和玩具，接著是其他孩子的陪伴而有所收穫。或許一段時間後，你可圓融地跟托兒所的職員分享你的觀點。

Q：我有一個三歲的女兒米可拉，她對我跟弟弟的獨處時間似乎很吃味。她沒辦法跟我單獨相處，因爲她和弟弟的就寢時間一樣，我可以怎麼做？

A：試著早一點把寶寶放上床睡覺，或讓米可拉稍微晚一點睡，好讓她跟你有一些獨處時間。大人全心的關注對所有的孩子都大有好處，我相信這麼做也能有效緩解她對寶寶的嫉妒。你應該會發現米可拉很喜歡適合她年齡的兒語潛能開發活動。

Q：我先生和我要離婚了，我們可以怎麼讓這件事對我們三歲女兒的影響減到最小？

A：你沒辦法讓孩子不爲這個不幸的事感到難過。不過我相信，持續一天跟孩子獨處半小時，給她時間和機會說出自己的感覺，並且回答她的問題，能給孩子很大的幫助。你要有所體認，孩子通常會預設這種事情是他們的錯，你應該再三跟她確認不是她的問題。

Q：我是義大利人，我太太是英國人，我們住在倫敦。我想要兒子學會義大利語，但我擔心兩種語言會造成他的混淆。我應該擔心嗎？

A：有機會學習超過一種語言的寶寶和幼兒，在正確的情況下能極爲輕易地學會這些語言。他們非常幸運能有這樣的機會，他們只會在兩種情況下有所混淆：

★兩種語言高度混合在一起。也就是說，一句話中有好幾種語言的詞彙。

★照顧者使用的語言並非童年習得的語言。原因是前面所提到的，兒語潛能開發很重要的一部分是修改我們對寶寶和幼兒的說話方式。我們都知道要以非母語（或非兒童期早期習得的語言）這麼做是非常困難的事。大人不太可能知道非母語的傳統童謠、歌曲與故事，而這些是我們應該跟孩子分享的豐富文化遺產。

我建議你跟兒子獨處時跟他說義大利語。最盡善盡美的情況是你跟他以義大利語進行兒語潛能開發，母親則以英語進行，這麼一來孩子就能自然而然地學會兩種語言！

附錄2 關於幼兒語言障礙的誤解與迷思

接下來我要簡短說明造成長期口語及語言問題的神經性障礙，這些障礙經常爲家族遺傳，有這類情形的孩子需要非常長期的口語及語言治療，許多孩子同時需要接受特殊教育。我在這裡討論這些障礙，是因爲我認爲這些病症雖然相當罕見，但這些病名卻經常不合宜地被套用在一些孩子身上。

★特定型語言障礙：患童在沒有其他障礙如失聰、自閉症或學習障礙的情況下，經歷嚴重且持久的語言學習障礙。

★運用障礙：另一種神經性的障礙，可導致患童語言發展遲緩。患童無法協調舌頭與嘴唇動作來發出形成詞語的一系列語音。患童也有規畫與組織肢體動作的困難，例如無法讓自己進入小空間、無法想出可搬動並爬上椅子來取得玩具的方法。患童的動作整體來說較笨拙與不協調，遊戲方式雜亂無章。

★注意力缺陷過動症（ADHD）：這種障礙有強烈的家族遺傳史。表現症狀爲控制注意力、專心做某事極度困難。患童極容易分心。一些患童用藥後即能有相當程度的改善。

我看過許多孩子被冠上這些病名，其中一些孩子的父母被建議要教導孩子手語，並做好準備讓孩子接受特殊教育。對於極少數的患童來說，這麼做完全是合宜的，但對於絕大多數的孩子來說，只要早期協助他們發展聽力與注意力技巧與理解詞彙的能力，就能預防這些問題的發生。這些孩子的父母開始執行兒語潛能開發後，多數孩子在短短幾個月內都快速進步到正常範圍，有些孩子的語言與整體智能甚至達到標準化測驗的資優標準。

三歲的桑妮亞是很迷人的小女孩，她有大大的藍色雙眼，是家裡三個孩子中年紀最小。她的父母擔心她的語言發展緩慢，因此她曾於英國一些不同地區接受檢測，結果判定她患有運用障礙以及嚴重的語言遲緩，建議接受特殊教育。桑妮亞的動作確實有些笨拙，她不知道怎麼握鉛筆或剪刀，也無法想到要站在箱子上來取得玩具。她僅能了解與運用少數詞語。

第一眼看到桑妮亞的時候，的確會覺得她像嚴重障礙的兒童。不過我們後來發現，桑妮亞出生至今幾乎都跟保母在一起，保母雖然很愛她也對她呵護備至，但很少跟她說話，幾乎一整天都讓她看兒童影片。在接受兒語潛能開發三週後，桑妮亞開始理解並能運用兩到三個詞語的句子。一旦桑妮亞開始有機會做一些活動，並有大人示範給她看如何操作以後，她的繪畫、搭建與剪裁技巧快速發展。桑妮亞很明顯不會有長期的學習問題。她現在已經五歲，我很高興地從她母親口中得知，她已經開始讀正常六歲半孩子在讀的書，學校生活也非常愉快。

另一個孩子被診斷出罹患特定型語言障礙的孩子，其實擁有驚人的原創力與創造力。我第一次見到班恩的時候他三歲，但他理解與運用語言的能力只有一般十六個月大寶寶的程度。大人甚至開始教班恩手語。令人難以置信的是，接受兒語潛能開發僅六個月後，班恩開始用各種問題考驗我們，如「什麼是時間？」「骨頭是怎麼進到皮膚裡的？」等等。班恩四歲時的語言技能已達到七歲半的程度。

http://www.booklife.com.tw reader@mail.eurasian.com.tw

Happy Family 47

0～4歲的兒語潛能開發寶典：
全球暢銷10年！英國皇家語言治療師專業研發

作　　者／莎莉．瓦爾德（Sally Ward）
譯　　者／毛佩琦
發 行 人／簡志忠
出 版 者／如何出版社有限公司
地　　址／台北市南京東路四段50號6樓之1
電　　話／（02）2579-6600．2579-8800．2570-3939
傳　　真／（02）2579-0338．2577-3220．2570-3636
郵撥帳號／ 19423086　如何出版社有限公司
總 編 輯／陳秋月
主　　編／林欣儀
責任編輯／尉遲佩文
美術編輯／李家宜
行銷企畫／吳幸芳．張鳳儀
印務統籌／林永潔
監　　印／高榮祥
校　　對／張雅慧．尉遲佩文
排　　版／杜易蓉
經 銷 商／叩應股份有限公司
法律顧問／圓神出版事業機構法律顧問　蕭雄淋律師
印　　刷／祥峯印刷廠
2014年6月　初版
2024年9月　18刷

BABY TALK: MAXIMISE YOUR CHILD'S POTENTIAL IN JUST 30 MINUTES A DAY by DR SALLY WARD

定價330元　ISBN 978-986-136-39-9　

　Printed in Taiwan

「你可以從寶寶出生的第一天起，就開始跟他説話。

雖然寶寶還聽不懂你在説什麼，但是你的聲音清楚向他傳達出你的感覺，這是建立親子感情最強有力的因素，而這種感情也是維繫寶寶一生心理健康的關鍵。」

——《0～4歲的兒語潛能開發寶典》

國家圖書館出版品預行編目資料

0～4歲的兒語潛能開發寶典：全球暢銷10年！英國皇家語言治療師專業研發／莎莉．瓦爾德（Sally Ward）著；毛佩琦 譯.
-- 初版. -- 臺北市：如何, 2014.6
288面；14.8×20.8公分. --（Happy family；47）

ISBN 978-986-136-392-9（平裝）

1. 育兒　2. 語言訓練

428.85　　103007360